절세 고수가 알려주는
부동산 세금 절세의 전략

절세 고수가 알려주는
부동산 세금 절세의 전략
택스코디 지음 | 잡빌더 로울 기획

다온북스
DAON BOOKS

차례

PART IV | 이 정도만 알아도 절세 고수, **양도소득세** 75

PART V | 이 정도만 알아도 절세 고수, **임대소득세** 105

권말 부록 | 알아두면 돈이 보이는 **부동산 세금 상식 사전** 129

권말 부록 | **주택과 관련된 연중 세무 일정** 171

프롤로그

당신의 세금 점수는 몇 점인가요?

이 책을 구매할지, 말지 망설이는 당신, 길게 고민하지 말고 다음 문제부터 풀어봅시다. 간단한 'O, X 형식' 퀴즈입니다. 너무 오래 생각하지 말고, 떠오르는 데로 1번부터 20번까지 문제에 O 또는 X에 체크만 하면 됩니다. 자, 이제 시작합시다.

문항	내용	O	X
1	투기과열지구나 조정대상지역의 주택을 매수한다면 거래가격과 상관없이 모든 주택 거래에 대해 '자금조달계획서'를 제출해야 한다. 하지만 비규제지역의 주택을 매수하는 경우에는 제출하지 않아도 된다.	☐	☐
2	자녀를 출산하면 출산일로부터 5년 내, 12억 원 이하인 주택을 사면, 취득세에서 최대 550만 원을 감면받을 수 있다.	☐	☐
3	취득 시 공시가격 1억 원 이하 주택이더라도, 다른 주택을 새로 취득할 때 1억 원을 초과하면 주택 수에 반영된다.	☐	☐
4	부동산을 거래하면서 6월 1일 잔금을 냈다면, 그해 재산세는 매도자가 내야 한다.	☐	☐
5	등기가 되지 않은 무허가 건물을 갖고 있어도 재산세를 내야 한다.	☐	☐
6	오피스텔 재산세, 주택분으로 변동신고 하면 다시 건축물로 변경할 수 없다.	☐	☐
7	다주택자가 주택을 모두 처분하고 1세대 1주택자가 되면, 재산세 특례세율을 적용받을 수 있다.	☐	☐

8	세법개정으로 3주택자 이상이면 종합부동산세 세율은 일반세율이 아닌 중과세율이 적용된다.	☐	☐
9	2023년부터 조정대상지역 2주택자 종합부동산세가 급격히 줄어들었다. 이유는 종합부동산세를 결정하는 모든 구성 요소가 줄었기 때문이다.	☐	☐
10	종부세 역시 양도세와 같이 재건축 시행 기간 내에 거주하기 위해 취득한 대체주택에 대해 1세대 1주택자로 보는 특례가 있다.	☐	☐
11	조정대상지역 주택 취득 시, 1세대 1주택 양도세 비과세를 적용받으려면, 연속해서 2년을 거주해야 한다.	☐	☐
12	양도소득세 비과세 혜택을 계획하고 집을 샀지만, 1주택자가 부득이한 사유로 2년 보유 및 거주요건을 채우지 못할 때 구제하는 제도가 있다. 단 이때에도 최소 1년은 거주해야 2년 보유·거주 요건의 특례가 인정된다.	☐	☐
13	1주택자가 상속을 받아 2주택이 되었다. 이때 상속주택을 팔면 양도세 비과세를 적용받는다.	☐	☐
14	일시적 2주택을 보유한 1세대가 농어촌주택을 추가로 취득하고 종전 주택을 양도하면 '1세대 1주택 특례'를 적용받을 수 있다.	☐	☐
15	1세대 1주택자도 고가주택이면 양도세가 부과된다. 이때 장기보유특별공제는 최대 80%까지 적용받을 수 있다.	☐	☐
16	서울(강남)과 충주 (기준시가 3억 원 초과)에 집이 각각 1채씩 있는 경우 다주택자에 해당해서 중과세를 적용받게 되는데, 이때 어느 집을 팔아도 양도소득세 중과세 제도가 적용된다.	☐	☐
17	주택임대업은 부가가치세가 면제되는 면세사업이라는 점에서 부가가치세 신고·납부는 하지 않아도 되지만, 사업장 현황신고의무가 있다.	☐	☐
18	부부 합산 2주택자이다. 남편 명의 집에 거주하고, 아내 명의 집은 전세를 주고 있다면, 임대소득세 과세대상이다.	☐	☐
19	주택임대소득 2천만 원을 기준으로 그보다 많으면 종합과세대상이지만, 그보다 적으면 분리과세를 선택할 수 있다.	☐	☐
20	주택임대사업자가 직전연도 수입금액이 2,400만 원을 초과해도 추계신고 단순경비율 추계신고가 가능하다.	☐	☐

수고했습니다. 답은 뒷장에 있습니다.

정답

1번	X	11번	X
2번	O	12번	O
3번	O	13번	X
4번	X	14번	O
5번	O	15번	O
6번	X	16번	X
7번	O	17번	O
8번	X	18번	X
9번	O	O	O
10번	X	20번	X

'정답 수 × 5점'을 해 여러분의 점수를 계산해봅시다. 나온 점수가 50점이 안 되면 즉시 이 책을 구매해 읽어봅시다. 세금은 아는 만큼 줄어들고, 미리미리 대비해야 하기 때문입니다.

집을 사기 전 꼭 알아야 할 것들은 무엇이 있나요?

일반적으로 전세보다는 월세가 주거비 부담이 큽니다. 따라서 주거비가 본인 소득에서 차지하는 비중이 높으면 '월세 → 전세 (또는 내 집)', '전세 → 내 집'과 같은 순서로 주거 형태를 변경하면 좋습니다.

월세나 전세에서 살겠다고 결정했다면, 집주인이 주택임대사업자등록을 했는지 살펴봐야 합니다. 이들은 마음대로 월세를 인상할 수 없기 때문입니다. 주택임대사업자들은 임대차계약을 맺을 때마다 종전 임대료의 5% 이상을 인상하지 못합니다.

주거비에 대한 세제 혜택은 어떻게 되나요?

택스코디 다음과 같습니다.

구분	월세	전세	내 집 마련
혜택	월세 지출액 × 15~17% 세액공제	대출 원리금 상환액 × 40% 소득공제 (한도: 400만 원)	대출 이자 상환액 × 100% (한도: 600~2,000만 원)
대상	연봉 8천만 원 이하 무주택 직장인	무주택 직장인	무주택 직장인(세대원)

주택을 사기로 마음먹었다면 본인의 청약가점을 확인해 보고 이와 관련한 준비를 미리 해야 합니다. 일반적으로 높은 가점을 받으려면 무주택 기간과 청약저축 기간이 길거나, 부양가족 수가 많으면 유리합니다.

그리고 자금조달 방법을 포함해 자금계획을 치밀히 세워야 합니다. 대출이 원하는 만큼 잘 나오지 않을 가능성이 크기 때문입니다. 먼저 필요한 자금 중에서 본인이 조달 가능한 자금을 파악합니다. 이후 부족한 자금은 대출이나 가족 등의 도움을 받도록 합니다. 이런 자금조달과 관련해서는 자금출처조사를 받을 수가 있으니 주의가 필요합니다.

또 명의도 잘 정해야 합니다. 현행 세제는 1세대가 보유한 주택 수가 2주택 이상이면 양도소득세를 중과하는 식으로 불이익을 주고 있습니다. 따라서 취득 전에 이런 문제를 충분히 고려할 필요가 있습니다.

실제 집을 취득할 때는 단독명의로 할 것인지 공동명의로 할 것인지도 미리 정하는 것이 좋습니다. 실무적으로 1주택자는 부부 공동명의를 해도 당장에는 실익이 없을 수 있지만, 나중에 2주택 이상이 되면 명의 분산에 따른 절세 효과를 보는 경우가 많습니다.

마지막으로 앞으로 부닥칠 세제 제도에 대해서도 알아 둬야 합니다. 집을 취득하게 되면 취득가격의 1~12% 내에서 취득세가 부과됩니다. 그리고 매년 6월 1일을 기준으로 재산세 같은 보유세가 발생하며, 이를 양도할 때는 양도소득세가 발생합니다. 이런 내용은 본문에서 구체적으로 설명하겠습니다.

본 책은 택스코디 특유의 간결하고 쉬운 문장으로 작성되어, 세금을 지식이 아닌 상식의 차원으로 확장할 것입니다. 이 책만 잘 읽어도 큰 도움이 될 거라 자신합니다.

PART I

이 정도만 알아도 절세 고수

취득세

모든 세금은 단 하나의 공식으로 계산됩니다. 바로 '과세표준 × 세율'입니다. 따라서 과세표준과 세율만 알면 모든 세금을 쉽게 구할 수 있습니다.

먼저 '과세표준(課稅標準, standards-based assessment, 이를 줄여서 '과표'라고 합니다)'이란 세금 산출의 기초가 되는 금액을 말합니다. 실무적으로 보면 세율은 이미 결정되어 있으나, 과세표준은 세금의 종류에 따라 계산하는 방법이 다릅니다. 따라서 세금을 줄이기 위해서는 이 과세표준을 정확히 이해할 필요가 있습니다.

'취득세의 과세표준은 취득 당시의 가액으로 하며, 취득 당시의 가액은 취득자가 신고한 가액으로 한다.'

쉽게 말해 취득 당시의 가액이란 취득할 때 실제 가격을 의미합니다. 예를 들어 3억 원짜리 부동산을 취득했다면, 3억 원이 과세표준이 되고 이 금액에 해당하는 세율을 곱해 취득세를 계산합니다. 현재 적용되는 취득세 세율은 다음과 같습니다.

	1주택	2주택	3주택	법인 또는 4주택 이상
조정대상지역	1~3%	8%	12%	12%
비조정대상지역		1~3%	8%	

참고로 주택을 매매가 아닌 상속·증여받거나 신축하는 경우의 취득세율은 다음과 같습니다.

원시취득(신축 등)	2.8%	
상속취득	2.8%	무주택자가 주택을 상속받게 되면 취득세는 2.8%가 아닌 0.8%를 적용
증여취득	3.5%	조정대상지역 기준시가 3억 원 이상 주택을 증여하면 12% 중과

자금조달계획서,
언제 어떻게 써야 하나?

- 투기과열지구나 조정대상지역의 주택을 매수한다면 거래가격과 상관없이 모든 주택 거래에 대해 '자금조달계획서'를 제출해야 한다. 하지만 비규제지역의 주택을 매수하는 경우에는 제출하지 않아도 된다.

이 문장은 X입니다. 투기과열지구나 조정대상지역의 주택을 매수할 때는 거래가격과 상관없이 모든 주택 거래에 대해 '자금조달계획서'를 제출해야 합니다. 비규제지역의 주택을 매수하는 경우에도 거래가가 6억 원 이상이라면 자금조달계획서가 필요합니다. 법인은 지역이나 금액에 상관없이 무조건 제출해야 합니다.

서울에 집 한 채를 사려고 합니다. 전세금에 대출금을 보태 거주할 집을 취득할 예정입니다. 부동산공인중개소에 가니 주택취득자금 조달 및 입주계획서(이하 자금조달계획서)를 써오라는데, 서류가 너무 복잡해 어떻게 써야 할지 막막합니다.

택스코디 요즘은 부동산을 거래할 때 매수인과 매도인은 매매계약을 체결한 날로부터 30일 이내에 부동산 소재지의 시장, 군수, 구청장에게 부동산 실제 거래가격을 신고해야 합니다. 당사자는 '부동산 거래계약 신고서'를 제출해야 하고, 개업 중개사가 관여돼 있다면 중개사가 신고하게 됩니다. 신고는 관할 관청 부동산과에 방문하거나 부동산거래관리시스템에 접속해 인터넷으로 할 수 있습니다.
만약 법인이 매도 또는 매수할 경우 모든 법인은 주택 매매계약 체결 시 거래 상대방이 해당 법인의 임원이나 법인의 임원과 친인척 관계는 아닌지 '법인 주택 거래계약 신고서'를 추가로 내야 합니다.

투기과열지구나 조정대상지역의 주택을 매수한다면 거래가격과 상관없이 모든 주택 거래에 대해 '자금조달계획서'를 제출해야 합니다. 비규제지역의 주택을 매수하는 경우 거래가가 6억 원 이상이라면 자금조달계획서가 필요합니다. 법인은 지역이나 금액에 상관없이 무조건 제출해야 합니다.

자금조달계획서를 제출할 때는 기재한 자금에 대한 증빙 서류도 첨부해야 합니다. 자금조달계획서나 증빙 서류를 제출하지 않았을 때, 500만 원 과태료가 부과되며 실거래 신고필증이 발급되지 않아 소유권이전등기도 불가합니다. 자금조달 증빙 제출 서류는 다음 '표'와 같습니다.

자금조달 증빙 제출 서류

항목별		제출 서류
자기 자금	금융기관 예금액	잔고증명서, 예금잔액증명서 등
	주식 및 채권 매각 금액	주식거래내역서, 잔고증명서 등
	상속 및 증여	상속 및 증여세신고서, 납세증명서 등
	현금 등 기타	소득금액증명원, 근로소득원천징수영수증 등 소득 증빙 서류
	부동산 처분 대금 등	부동산매매계약서, 부동산임대차계약서 등
타인 자금	금융기관 대출액	금융거래확인서, 부채증명서, 금융기관 대출신청서 등
	임대보증금 등	부동산 대차계약서
	회사지원금, 사채 등 차입금	금전 차용을 증빙할 수 있는 서류 등

예를 들어 10억 원 상당의 주택을 살 때 기존 전세금이 5억 원, 은행 대출이 2억 원, 주식 매도금액이 3억 원이 있는 경우 자금조달계획서에서는 자기 자금 8억 원, 차입금 등 타인 자금 2억 원이 되며, 증빙 서류는 부동산 임대차계약서와 은행잔고 증명서 (또는 예금잔액 증명서), 주식거래 내역서가 필요합니다.

이렇게 제출한 서류는 사실에 기반을 둬야 하고, 만약 자금조달계획서 및 증빙서류를 확인한 결과 자금출처가 부족하거나 증여로 의

심된다면 탈세 의심자료로 국세청에 통보돼 자금출처 조사가 나올 수 있습니다.

특히 소득이 없는 미성년자나 성인이라도 직업 또는 나이에 어울리지 않게 고가주택을 취득한 경우, 정상적인 자금 조달로 보기 어려운 거래로 편법 증여가 의심되는 경우, 제출 서류와 실제 자금의 원천이 일치하지 않는 때에는 증여세가 부과될 수 있습니다.

세알못 청약에 당첨돼서 분양을 받게 됐을 때도 자금조달 계획서를 제출해야 하는 건가요?

택스코디 분양권과 입주권 모두 다 해당합니다. 분양권을 취득해도 자금조달 계획서는 내야 합니다. 분양 당첨이 되면 며칠 있다 계약을 하러 갑니다. 그때 같이 보통 제출하는 게 일반적입니다.

세알못 그럼 자금조달 계획서를 제출하지 않으면 어떻게 되나요?

택스코디 일단 과태료를 최대 500만 원까지 발급받을 수 있습니다. 또 과세당국으로부터 소명자료 요청도 받게 되고, 제대로 소명하지 못하면 증여 추정 혐의로 통보되어 세무조사 받을 확률이 높아집니다.

세알못 그런데 통상 계약을 하고 잔금을 치르는 날까지 보통 아파트(기존 주택 매매 거래) 기준으로 한 2~3개월 정도 걸리고 분양은 한 2년 정도 걸리는데, 자금조달 계획서 작성 내용이 그동안 달라지면 어떻게 되나요?

자금조달 계획서는 말 그대로 계획서입니다. 그래서 상황에 따라서 달라질 수 있다는 것을 지자체라든가 감정원에서도 충분히 인지하고 있습니다. 그런데 자금조달 계획서를 쓸 때 너무 허무맹랑하게 쓰지 말아야 합니다. 예를 들어 LTV를 훨씬 초과하는 금액을 대출받는다고 하던가, 전세를 돌려서 매각 대금을 채운다면 주변 시세에 합당하지 않은 금액으로 자금조달계획서를 작성하면 추후 문제가 생길 수 있습니다.

공동명의로 주택을 매수할 때는 어떤 식으로 자금조달 계획서를 써야 하나요?

매수자가 두 명이면 두 명 혹은 세 명이면 세 명의 자금조달 계획서를 써야 합니다. 각각의 지분에 해당하는 금액에 대한 자금조달 계획을 작성해서 내야 합니다. 전체 매수 대금이 이 각각의 자금을 합친 금액과 일치해야지 이 단계를 무사히 잘 넘어갈 수 있다고 생각하면 됩니다.

취득세에서
최대 550만 원 감면받는다

· 자녀를 출산하면 출산일로부터 5년 내, 12억 원 이하인 주택을 사면, 취득세에서 최대 550만 원을 감면받을 수 있다.

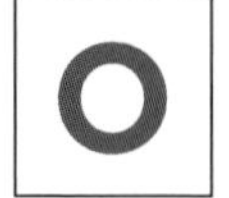

이 문장은 O입니다. 2024년부터 자녀를 출생할 경우 출산일로부터 5년 내(또는 출산 전 1년 이내 주택 취득한 경우 포함), 12억 원 이하인 주택을 취득할 때, 취득세에서 최대 550만 원을 감면받을 수 있습니다.

집을 살 때, 흔히 시세 얼마짜리라고 하면 필요 자금이 딱 그만큼만 들 것 같지만, 그보다 더 준비해야 합니다. 취득세, 공인중개사 비용, 법무사 비용, 이사 비용에 인테리어 비용 등이 적지 않게 들기 때문입니다. 이 모두를 고려하지 않으면 막상 일이 닥쳤을 때 목돈 마련이 곤란할 수 있습니다. 그중에서도 취득세 비중은 단연 큽니다. 구체적으로 따지면 지방교육세, 농어촌특별세 등이 더해져 부과됩니다. 통상 이를 통틀어 취득세로 부릅니다.

취득세 과세표준은 취득 당시의 가액을 기준으로 삼습니다. 매매와 같은 유상취득은 취득가격을 적용하지만, 특수관계인 사이의 거래로 취득세를 부당하게 줄이는 때에는 '시가인정액'을 과세표준으로 삼습니다. 여기서 시가인정액은 해당 물건의 유사 매매사례 가격이나 감정가격 등을 말합니다. 증여와 상속 취득의 과세표준은 원칙적으로 시가인정액을 적용하지만 이를 산정하기 어렵다면 정부의 공시가격인 '시가표준액'을 적용합니다.

매매 등으로 유상취득한 주택의 취득세율은 1~12%에 이릅니다. 세율 구조는 2019년까지는 과세표준 금액별로 1%, 2%, 3%의 단일 세율이 적용됐지만, 2020년부터 6억 ~ 9억 원 세율 구간이 기존의 2%에서 1~3%로 세분화했습니다. 또 2020년 8월12일부터 다주택자에 대한 중과세(8%·12%)가 도입돼 2025년 1월 현재까지 이르고 있습니다. 취득세 표준세율은 다음과 같습니다.

취득유형	과세표준	세율	
		85 ㎡ 이하	85 ㎡ 초과
신규분양에 의한 취득	분양가	1.1 ~ 3.3%	1.3 ~ 3.5%
유상매매에 의한 취득	실거래가	상동	상동
경매에 의한 취득	낙찰가격	상동	상동
증여에 의한 취득	기준시가	3.8%	4.0%
상속에 의한 취득	기준시가	2.96%	3.16%
신축에 의한 취득	총 공사금액	2.96%	3.16%

가령 5억 원 아파트를 구매하면 1주택자 취득세율은 1%(6억 원 이하)로 책정됩니다. 지방교육세는 해당 취득세율 수치에 50%를 곱하고, 거기에 다시 20%를 곱해 계산합니다. 결과적으로 0.1%입니다. 금액으로 따지면 10분의 1이 됩니다. 또 농어촌특별세는 '국민 평형(전용면적 85㎡)이하' 아파트라면 비과세 됩니다. 따라서 취득세(500만 원), 지방교육세(50만 원)를 합쳐 550만 원을 최종 세금으로 내게 됩니다.

그렇다면 아파트값이 10억 원일 땐 어떨까요. 9억 원을 초과하므로 3% 취득세율이 적용된 3,000만 원이 취득세로 책정됩니다. 지방교육세는 역시 그 10분의 1인 0.3% 세율로 부과돼 300만 원이 됩니다. 국민 평형 이하 주택을 기준으로 하면 총 3,300만 원의 세 부담을 지게 됩니다.

만약 국민 평형 이상 아파트라면 농어촌특별세 0.2%를 내야 합니다. 결과적으로 총 취득세로 각각 650만 원, 3,500만 원의 세금을 내야 합니다.

하지만, 생애 최초로 주택을 매입할 땐 취득세를 일부 경감받을 수 있는 법적 혜택이 마련돼 있습니다. 지난 2020년 8월 12일 청년 주거층 지원 및 서민 실수요자 부담을 덜기 위한 목적으로 생애최초 취득자 취득세 경감 정책이 나왔습니다. 당시엔 '부부합산소득 7,000만 원 이하'라는 소득요건이 있어 실제 그 혜택을 받을 수 있는 인원이 많지 않았습니다. 그러나 2023년 3월 14일 법 개정으로 해당 요건이 삭제되면서 적용 범위가 확대됐습니다. 취득가액 역시 12억 원 이하로 완화됐습니다. 무엇보다 2022년 6월 21일 이후부터 취득하는 건부터 소급적용을 허용했습니다. 이미 납부했다면 환급신청을 통해 돌려받을 수 있게 했습니다.

참고로 취득세 감면 특례 대부분은 한시적 제도라는 특징이 있습니다. 생애 최초 취득세 특례는 2025년 말까지입니다.

그럼 취득세를 얼마나 감면받을 수 있는 건가요?

위 사례에서 똑같이 시세 5억 원, 10억 원 아파트를 구입 시 이 제도를 이용하면 두 사례 모두에서 220만 원씩 취득세를 절감할 수 있습니다. 5억 원 아파트 취득 시 취득세는 200만 원 한도 내에서 전액 면제되기 때문에 300만 원이 되고, 지방교육세도 덩달아 30만 원이 됩니다.

다음 표를 참고합시다.

아파트 구입 시 취득세 비교

	5억 원 아파트	
구분	일반 취득 시	생애최초 취득 시
취득세율	1%	
취득세	500만 원	300만 원 (500만 원 - 200만 원)
지방교육세	50만 원	30만 원
농어촌특별세	비과세	
총 세금	550만 원	330만 원

만약 10억 원 아파트라면 취득세가 3,000만 원에서 2,800만 원으로 줄면서 지방교육세도 280만 원이 돼 총 부담은 3,080만 원으로 줄어듭니다.

그리고 2024년부터 자녀를 출생할 경우 출산일로부터 5년 내(또는 출산 전 1년 이내 주택 취득한 경우 포함), 12억 원 이하인 주택을 사면 취득세에서 최대 550만 원을 감면받을 수 있습니다. 5억 원 아파트라면 취득세를 500만 원 감면받아 아예 안 내고 되고, 10억 원 아파트라면 취득세(2,500만 원), 지방교육세(250만 원)를 합산해 2,750만 원만 내면 됩니다.

취득세
최대 12%까지 중과된다

• 취득 시 공시가격 1억 원 이하 주택이더라도, 다른 주택을 새로 취득할 때 1억 원을 초과하면 주택 수에 반영된다.

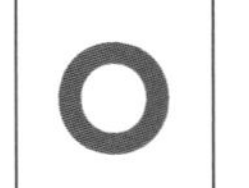

이 문장은 O입니다. 취득세에서 주택 수 제외되는 주택이 시가표준액(공시가격) 1억 원 이하인 주택이라는 것은 대부분 알고 있습니다. 하지만, 취득 때는 공시가격 1억 원 이하 주택이더라도 다른 주택을 새로 취득할 때 1억 원을 초과하면 주택 수에 반영되므로 주의가 필요합니다.

1주택자가 조정대상지역의 주택을 한 채 더 사면 취득세율 8%가 적용됩니다. 2주택자가 조정대상지역의 주택을 추가로 구매하면 12%가 적용됩니다. 이처럼 취득세 중과세율은 상당히 높습니다. 1~3%인 일반세율보다 최고 12배 높습니다. 그리고 조정대상지역 내 3억 원 이상 주택을 증여 또는 상속 취득(무상취득)하면 주택 보유 수와 상관없이 무조건 12%의 최고세율이 적용됩니다. 다음 표를 참고합시다.

취득세	유상취득				무상취득 (3억 원 이상)
	1주택	2주택	3주택	4주택~법인	
조정대상지역	1~3%	8%	12%	12%	12%
비조정대상지역	1~3%	1~3%	8%	12%	3.5%

위 표에서 본 것처럼 취득세율을 결정하는 핵심 요소는 보유 주택 수입니다. 취득세 부과 때 보유 주택 수에서 제외된다는 것은 곧 8~12%의 중과세를 적용받지 않는다는 것을 말합니다.

양도소득세는 주택 수에서 제외되더라도 중과세 대상 제외와 비과세 대상이 엄밀히 구분됩니다. 하지만 취득세는 법인과 관련한 중과세를 제외하고는 주택 수 제외는 해당 주택이 중과세에서 제외되는 동시에 세대의 보유 주택 수를 산정할 때도 가산되지 않습니다.

주택 수에서 제외되는 주택은 구체적으로 어떻게 되나요?

주택 수에 상관없이 중과세에서 제외되는 주택도 있습니다.

시가표준액(공시가격) 1억 원 이하의 주택은 중과세 대상에서 제외됩니다. 쉽게 말해 2주택자가 지방의 1억 원 이하 주택을 새로 취득하면 최저세율 1%를 적용한다는 것입니다. (이때 재개발·재건축 대상 지역으로 고시된 곳에 소재한 주택은 제외됩니다.)

하지만 취득 때는 취득 때 공시가격 1억 원 이하 주택이더라도 다른 주택을 새로 취득할 때 1억 원을 초과하면 주택 수에 반영한다는 사실을 주의해야 합니다. 이때의 기준일은 두 번째 주택의 취득일입니다.

혼인으로 합가한 때에도 주택 수 산정에서 제외하는 때가 있습니다. 지방세법 시행령 28조4에는 '혼인한 사람이 혼인 전 소유한 주택분양권으로 주택을 취득하는 경우 다른 배우자가 혼인 전부터 소유하고 있는 주택은 주택 수에서 산정에서 배제된다'라고 규정돼 있습니다.

예를 들어 A 씨가 결혼 전 주택 청약에 당첨(분양권 취득)되고 결혼한 이후 주택이 완공될 경우 배우자가 혼전에 소유한 주택은 주택 수에 반영하지 않는다는 것입니다. 이 제도는 2023년 3월 14일부터 시행됐습니다. (하지만 조합원입주권은 신축이 아니라 구축의 신축 전환이기에 혼인 합가 특례가 적용되지 않습니다.)

혼인 합가에 대해 주택 수 배제가 있듯 동거봉양 합가 특례도 있습니다. 취득세 합가 특례는 자식과 부모가 한집에 살더라도 각각 분리 세대로 간주한다는 개념입니다. 다시 말해 부모와 자식의 주택 수를 따로 계산한다는 것입니다.

기본적인 요건은 부모(조부모 포함) 나이가 만 65세 이상이어야 하고, 자녀가 세대 분리가 가능한 나이와 소득 등을 일정 요건을 갖춰야 합니다. (참고로 세대 분리가 가능하려면 자녀 나이가 만 30세 이상이거나, 혼인했거나, 중위소득 40% 이상으로 독립된 생계 가능 등 세 가지 중 하나를 충족해야 합니다.) 이때 직계비속(자식) 기준은 양도소득세와 같지만, 직계존속(부모)의 기준 나이(양도소득세는 60세 이상)가 다르다는 차이가 있습니다.

여기서 잠깐! 부모의 나이가 만 65세 미만인 상태에서 합가할 때 반드시 주의해야 할 사항이 있습니다. 바로 세대 기준입니다. 취득세는 세대별로 과세하기 때문에 유주택 부모와 함께 살면서 자녀가 주택을 취득할 때 동거봉양 합가 기준을 충족하지 못하면 전체 세대원의 주택 수를 합산합니다. 예를 들어 독립해서 따로 살던 자녀가 2주택자인 부모 (만 65세 미만) 집으로 주민등록을 이전해 함께 살다 주택을 취득하면 3주택 취득세가 부과된다는 사실입니다.

특히 분양권으로 주택을 취득할 때는 특별한 주의가 필요합니다. 위의 사례처럼 부모가 2주택자인 상태에서 따로 살던 아들이 아파트 청약에 당첨돼 분양권을 보유하고 있다고 가정합시다. 만약 아들이 분양권 대금 마련을 위해 부모(만 65세 미만) 집에 얹혀살다 해당 주택이 완공되면 3주택 취득세율이 적용될 수 있습니다.

세알못 그럼 이런 상황에서 취득세 중과세를 피하는 방법은 무엇인가요?

중과세를 피할 해결책은 주택 취득 후 60일 이내에 다시 분가하는 것입니다. 세대의 기준을 정한 지방세법 시행령(28조의 3)에 따르면 '별도의 세대를 구성할 수 있는 사람이 주택을 취득한 날부터 60일 이내에 세대를 분리하기 위해 그 취득한 주택으로 주소지를 이전하는 경우 별도세대로 본다'라고 규정하고 있습니다.

이 정도만 알아도 절세 고수

재산세

모든 세금은 단 하나의 공식으로 계산됩니다. 바로 '과세표준 × 세율'입니다. 따라서 과세표준과 세율만 알면 모든 세금을 쉽게 구할 수 있습니다.

먼저 '과세표준(課稅標準, standards-based assessment, 이를 줄여서 '과표'라고 합니다)'이란 세금 산출의 기초가 되는 금액을 말합니다. 실무적으로 보면 세율은 이미 결정되어 있으나, 과세표준은 세금의 종류에 따라 계산하는 방법이 다릅니다. 따라서 세금을 줄이기 위해서는 이 과세표준을 정확히 이해할 필요가 있습니다.

부동산 보유 단계에서 내는 재산세의 과세표준은 다음과 같이 공시가격에 공정시장가액비율을 곱해 계산합니다.

- 재산세 과세표준 : 공시가격 × 공정시장가액비율

여기서 공시가격이란 정부가 세금을 부과하기 위해 매년 발표하는 부동산(땅과 주택) 가격을 말합니다. 주택 공시가격은 4월 말, 토지 공시가격은 5월 말에 공시되며 공시가격은 국토교통부 또는 물건소재지 관할 시·군·구 누리집 (홈페이지)을 통해 확인 가능합니다.

주택에 세금을 매길 때는 시세가 아닌 '과세표준'이 기준이 됩니다. 주택 공시가격에 공정시장가액비율을 곱한 게 과세표준입니다. 재산세나 종합부동산세의 과세표준을 구할 때 공시가격에 공정시장가액비율을 곱하면 과세표준이 낮아집니다. 일종의 '할인 제도'나 다름없는 것입니다. 2024년 현재 주택 공정시장가액비율은 60%입니다. 단 1주택자에 한해 43~45%로 한시적으로 낮춘 상태입니다.

주택에 대한 재산세율은 다음과 같습니다.(법인과 개인 동일합니다.)

구분	과세표준	세율
주택	6천만 원 이하	0.1%
	6천만 원 초과 1억5천만 원 이하	60,000원 + 6천만 원 초과금액의 0.15%
	1억5천만 원 초과 3억 원 이하	195,000원 + 1억 5천만 원 초과금액의 0.25%
	3억 원 초과	570,000원 + 3억 원 초과 금액의 0.4%

그런데 주택 실수요자인 1주택자의 재산세 부담을 완화하기 위해 과표 구간별 세율을 0.05%포인트씩 인하하는 '공시가격 9억 원 이하 1주택에 대한 세율 특례제도'가 있습니다. (2026년까지 연장) 구체적으로 6,000만 원 이하는 0.1%에서 0.05%, 6,000만 원 초과 1억5,000만 원 이하는 0.15%에서 0.1%, 1억5,000만 원 초과 3억 원 이하는 0.25%에서 0.2%, 3억 원 초과 4억500만 원 이하는 0.4%에서 0.35%로 감면해 다음 세율을 적용합니다.

과세표준	세율
6천만 원 이하	0.05%
6천만 원 초과 1억5천만 원 이하	30,000원 + 6천만 원 초과금액의 0.1%
1억5천만 원 초과 3억 원 이하	120,000원 + 1억5천만 원 초과금액의 0.2%
3억 원 초과	420,000원 + 3억 원 초과금액의 0.35%

과세기준일, 6월 1일을 기억하자

- 부동산을 거래하면서 6월 1일 잔금을 냈다면, 그해 재산세는 매도자가 내야 한다.

이 문장은 X입니다. 재산세 납부 여부 판단은 잔금 지급일과 등기 접수일 중 빠른 날을 기준으로 합니다. 따라서 5월 31일이나 6월 1일 당일에 잔금을 모두 치렀다면 과세 기준일인 6월 1일 전에 매수인(집을 사는 사람)이 사실상 소유자가 되었으므로 매수인이 당해 재산세를 부담해야 합니다.

집을 살 계획이 있다면 이왕이면 6월 1일이 지난 후에 집을 사야 합니다. 이유는 '과세기준일'에 있습니다. 매년 6월 1일은 보유세 과세기준일로서 6월 1일 집을 보유하고 있는 사람이 보유세 납세자가 되기 때문입니다. 다시 말해 6월 1일을 기준으로 집을 보유하게 되면 7월과 9월에 재산세를 절반씩 내야 하고 고가주택을 보유하고 있다면 12월에 종합부동산세까지 납부해야 합니다.

이런 이유로 6월 1일 이전에 다주택자들이 내놓은 부동산 매물 수가 급격히 늘어나기도 합니다. 고가주택을 보유한 다주택자의 경우 단 하루 차이로 많게는 수천만 원의 세금을 부담해야 하는 상황이 생길 수 있어 이를 고려해 매도일을 정하는 것입니다.

그럼 정확히 6월 1일에 집을 팔면 세금은 누가 내는 걸까요?

재산세 납부 여부 판단은 잔금 지급일과 등기 접수일 중 빠른 날을 기준으로 합니다. 따라서 5월 31일이나 6월 1일 당일에 잔금을 모두 치렀다면 과세 기준일인 6월 1일 전에 매수인(집을 사는 사람)이 사실상 소유자가 되었으므로 매수인이 당해 재산세를 부담해야 합니다.

하지만 6월 2일부터는 상황이 달라집니다. 6월 2일에 잔금을 모두 치르게 되면 전날인 1일에 이미 재산세 납세자가 결정됐기 때문에 6월 1일 기준 사실상의 소유자였던 매도인(집을 파는 사람)이 재산세를 냅니다. 종합부동산세 역시 이와 같은 기준을 적용합니다. 다음 표를 참고합시다.

매매날짜별 재산세를 내야 하는 사람

매매날짜	파는 사람	사는 사람
5월 31일	X	O
6월 1일	X	O
6월 2일	O	X
6월 3일	O	X

과세기준일 현재 사실상의 소유자를 확인할 수 없는 다음의 경우에는 일정 요건을 갖춘 자를 납세의무자로 의제합니다.

1. 공부상의 소유자

공부상의 소유자가 매매 등의 사유로 소유권에 변동이 있었음에도 이를 신고하지 않아 사실상의 소유자를 알 수 없는 때는 공부상의 소유자를 납세의무자로 봅니다.

2. 상속재산에 대한 주된 상속자

상속이 개시된 재산으로서 상속등기가 이행되지 않아 사실상의 소유자를 신고하지 않았을 때는 행정안전부령이 정하는 주된 상속자를 납세의무자로 봅니다.

이때, 주된 상속자란 누굴 말하나요?

민법상 상속지분이 가장 높은 사람으로 합니다. 상속지분이 가장 높은 사람이 두 명 이상이면 그들 중 나이가 가장 많은

사람이 주된 상속자가 됩니다.

3. 미신고 종중재산의 경우 공부상 소유자

공부상에 개인 등의 명의로 등재되어 있는 사실상의 종중재산으로서 종중소유임을 신고하지 않았을 때, 공부상의 소유자를 납세의무자로 봅니다.

한편, 과세기준일 현재 소유권의 귀속이 분명하지 않아 사실상의 소유자를 확인할 수 없는 경우에는 그 주택의 사용자가 재산세를 납부할 의무가 있습니다.

4. 신탁재산의 위탁자

수탁자의 명의로 등기 또는 등록된 신탁재산의 경우에는 위탁자가 신탁재산을 소유한 것으로 봅니다. 2021년 1월 1일 지방세법 개정으로 신탁재산의 납세의무가 수탁자에서 위탁자로 변경되었습니다.

5. 파산재단의 공부상 소유자

파산선고 이후 파산종결의 결정까지 파산재단에 속하는 재산은 공부상 소유자를 납세의무자로 봅니다.

무허가 건물을 갖고 있어도 재산세를 내야 한다

• 등기가 되지 않은 무허가 건물을 갖고 있어도 재산세를 내야 한다.

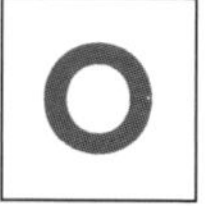

이 문장은 O입니다. 재산세는 사실 현황에 따라 과세하기 때문에 공부에 등재가 되어있지 않아도 재산세가 부과됩니다.

부동산 시장이 얼어붙으면 지역 개발이나 주택의 건축공사도 멈춰집니다. 공사가 멈추거나 지연되면 공사비와 분양가가 상승하는 등의 피해도 생기지만 세금 부담도 계속됩니다. 집을 부수고 새로 짓는 사이, 거주하지도 않는 주택이지만 재산세를 내야 하고, 때에 따라서는 종합부동산세 부담도 발생하기 때문입니다.

사업이 멈췄더라도 소유주에게 재산세는 부과됩니다. 이때, 기존 건물이 남아있는지가 재산세의 종류와 금액을 결정하는 중요한 기준이 됩니다. 만약, 기존 주택이 남아있다면 주택에 대한 재산세가 부과되고, 기존 주택을 허물어 없어진 후라면 주택의 부지였던 토지에 대한 재산세만 부과됩니다.

구체적으로 살펴보면 과세기준일인 6월 1일 기준 건물이나 주택이 '멸실'처리된 것인지가 기준이 됩니다. 주택 건축물이 '사실상 철거·멸실된 날'에는 주택이라고 보지 않는데, 사실상 철거·멸실된 날을 알 수 없는 상황이라면 '공부상 철거 멸실된 날'을 기준으로 주택 여부를 판단하고 있습니다.

과거에는 세대원의 퇴거 및 이주, 단전, 단수, 출입문 봉쇄 등의 조치를 철거·멸실의 주된 판단 기준으로 삼았는데, 확인이 쉽지 않고 해석에 차이가 발생하는 등의 문제가 생기면서 2018년부터는 '공부상 철거·멸실' 기준이 도입됐습니다.

주택 재산세는 주택분을 7월에, 토지분을 9월에 나눠 내는데, 멸실 이전에 주택으로 재산세를 내는 경우 부속토지를 포함해서 공시가격의 60%를 과세표준으로 계산합니다.

하지만, 멸실 이후 토지분에 대해서 재산세를 내는 경우 공시가격의 70%에 면적을 곱한 것을 과세표준으로 합니다. 토지보유 현황에 따라 토지분으로 재산세를 내는 것이 더 무거울 수 있습니다.

종합부동산세도 재산세 과세대상 주택에 부과되는 세금인 만큼, 주택이 멸실의 여부가 중요합니다. 멸실주택은 종합부동산세를 계산할 때, 주택수에서 제외합니다. 주택으로의 사용가치를 상실했으므로 조합원입주권으로서의 가치만 있는 셈입니다.

대신 토지분 종합부동산세에는 합산과세합니다. 이에 따라 토지분 종합부동산세 기준금액이 커지는 문제가 발생할 수 있습니다.

2018년부터 사실상 철거·멸실된 날을 알 수 없는 경우 '공부상 철거·멸실된 날'을 기준으로 주택 여부를 판단하면서 철거주택의 취득세 부분에서도 건축물대장의 역할은 중요해졌습니다.

종전에는 관리처분계획인가 후에 단전, 단수되거나 이주 완료 등을 종합적으로 판단해 이미 주택의 기능을 상실했다고 인정되는 경우에는 주택으로 보지 않고, 유상거래하더라도 주택 취득세율을 적용하지 않았습니다.

하지만 이제는 건축물대장 상 주택으로 등재돼있고, 주택의 구조와 외형도 유지되고 있다면 주택으로 보고 유상거래 취득세율이 적용됩니다. 1세대 1주택이라면 1~3%, 조정대상지역 다주택은 중과세율이 적용될 수 있으니 주의해야 합니다.

통상 규모가 있는 재건축사업의 경우에는 사업의 진행과 관리의 편의를 위해 재건축조합에 부동산 관련 권리를 위탁하는 '신탁등기'를 하게 됩니다. 조합에 권리를 위탁하기는 했지만, 매매 등의 권리행사에는 영향이 없고, 부동산의 소유주 역시 조합원입니다.

그런데 이 경우 신탁으로 권한을 대행하고 있는 재건축조합에 재산세가 합산해서 과세 통지한다는 특징이 있습니다. 다시 말해 조합이 조합원의 재산세를 일괄해서 납부하고, 추후 입주 시점에 조합원들에게 재산세를 정산받는 방식입니다. 공사 기간 중 재산세를 내지 않았더라도 나중에 일괄 정산해서 내야 한다는 점을 기억해야 합니다.

등기가 되지 않은 무허가 건물을 갖고 있는데 재산세를 내야 하나요?

재산세는 사실 현황에 따라 과세하기 때문에 공부에 등재가 되어있지 않아도 재산세가 부과됩니다.

오피스텔, 주택으로 신고할까?

- 오피스텔 재산세, 주택분으로 변동신고 하면 다시 건축물로 변경할 수 없다.

이 문장은 X입니다. 다시 건축물로 돌이킬 수는 있지만, 쉽지 않다고 생각해야 합니다. 공실로 돼 있으면 가능하다고 생각하는데, 상가로 임대한 흔적(주거용으로 임대를 하다가 실제로 상가로 임대를 해야 한다)이 그다음에 한 번 있어야 합니다.

오피스텔은 업무용과 주거용으로 모두 사용할 수 있습니다. 다만 세법에 따라 같은 오피스텔이라도 업무용인지 주거용인지 실제 사용 용도에 따라 세금은 다르게 부과됩니다. 실질과세가 원칙이기 때문입니다.

하지만 실제로 어떤 용도로 사용하는지 과세당국이 일일이 확인하는 것은 현실적으로 어렵습니다. 이러한 이유로 세금은 재산세 과세 대장상 용도에 따라 구분해 부과합니다. 용도에 따라, 구입 시기에 따라 달라지는 주거용 오피스텔과 관련한 복잡한 세제에 대해 살펴봅시다.

은퇴를 앞두고 노후생활비 대비 목적으로 오피스텔 한 채를 샀습니다. 시가표준액은 건물분 8천만 원, 토지분 1억 2천만 원입니다. 오피스텔을 샀을 때는 사무실로 사용했는데, 지금은 공실입니다. 최근 재산세 고지서가 날아와서 금액을 확인해 봤는데, 큰 금액은 아니지만, 오피스텔 재산세가 생각보다는 많았습니다. 그런데 주변에서 변동신고를 하면 세금을 덜 낼 수 있다고 합니다. 어떻게 하면 좀 줄일 수 있나요?

오피스텔은 건축법상 업무 시설에 해당합니다. 정확히는 집은 아니라는 것입니다. 그래서 건축물을 보유하고 있다고 원칙적으로 봅니다. 그런 이유로 집으로 사용하고 있다고 신고를 하지 않는 이상 재산세는 토지분과 건축물이 따로 부과됩니다. 시가표준액을 기준으로 보면 건물분 재산세는 14만 원이고, 토지분 재산세는 약 16만 8천 원으로 해서 전부 30만 원 정도를 고지받을 것으로 보입니다.

이때 재산세 과세대상변동신고를 통해 세금을 줄일 수 있습니다. 쉽게 말해 상가로 보는 오피스텔을 주택이다고 신고를 하는 것입니다. 그러면 재산세를 줄일 수 있습니다.

재산세를 계산할 때, 공시가격에 공정시장가액비율을 곱하고 거기에 세율을 곱해서 세금을 계산합니다. 토지와 건축물은 이 공정시장가액비율이 70%인데 주택 같은 경우에는 60%입니다. 그러니 같은 공시가격이라고 하더라도 주택이라면 세금이 줄어들게 됩니다. 따라서 오피스텔을 변동신고 후 주택이라고 보면 (공정시장가액비율 60%를 곱하고 좀 낮은 세율을 적용) 세금이 15만 원, 거의 절반 수준으로 줄어들게 됩니다.

오피스텔만 놓고 보면 변동신고하는 게 이익이다? 여기서 '만'이라는 단어에 또 다른 의미가 있다는 기분이 듭니다.

만약 다른 주택을 보유하고 있으면서 오피스텔을 변동신고를 통해 주거용으로 바꾸면 문제가 생길 수 있습니다.

오피스텔을 주거용으로 변동신고를 하게 되면 보유하는 주택 수가 한 채가 늘어나게 됩니다. 1주택자는 2주택자가 되는 거고, 2주택자였다면 이제 3주택자가 되어서, 다주택자가 되는 상황에 놓이게 됩니다. 그래서 재산세를 절세하려고 변동신고를 했는데, 다른 세금 (취득세나 양도소득세) 관계도 달라져 문제가 생길 수 있습니다.

예를 들어 1주택자는 공시가격 12억 원까지는 종합부동산세를 내지 않습니다. 그런데 2주택자가 되는 순간 공제금액이 9억 원으로 줄게 됩니다. 따라서 가지고 있는 모든 주택 공시가격의 합이 9억 원을 넘으면 종합부동산세를 내야 합니다. 오피스텔 시가표준액이 2억 원이었으니, 만약 공시가격 7억 원 이상의 집을 갖고 있다면 종합부동산세 대상이 된다는 것입니다.

세알못 그럼 오피스텔을 주택분으로 변동신고 했다가 다시 건축물로 변경 가능한가요?

택스코디 돌이킬 수는 있지만, 쉽지 않다고 생각을 하면 됩니다. 흔히 공실로 돼 있으면 가능하다고 생각하는데, 상가로 임대한 흔적(주거용으로 임대를 하다가 실제로 상가로 임대를 해야 한다)이 그다음에 한 번 있어야 합니다.

세알못 실제로 상가로 활용하고 있다는 사진 같은 것을 통해 구체적으로 입증해야지 변경할 수 있다는 말인가요?

택스코디 네, 그렇습니다.

참고로 (임차인이) '거주기간 동안 전입신고를 하지 않는다', 이런 식으로 특약을 넣는 때도 있는데, 그 특약이 오히려 더 불리합니다. '주거용이 아니면 어차피 전입신고 안 하는데 왜 전입신고를 하지 말라고 특약에 넣어?'라고 생각할 수 있습니다. 그러므로 이런 부분이 오히려 더 나중에 불리하게 작용할 수 있습니다.

정리하면 오피스텔 재산세를 줄이고 싶다면, 본인이 지금 전세나 월세 살고 있고, 다른 자가주택이 없는 경우에는 변동신고를 하는 게 이익이고. 그게 아니라 본인이 자가주택에 살고 있거나 추가로 다른 주택을 취득할 계획이 있다면 변동신고를 안 하는 게 나을 수 있습니다.

1세대 1주택자, 재산세 특례세율을 적용받는다

• 다주택자가 주택을 모두 처분하고 1세대 1주택자가 되면, 재산세 특례세율을 적용받을 수 있다.

이 문장은 O입니다. 2주택자나 3주택 이상의 다주택자라 하더라도 보유 주택을 팔고(등기이전 완료) 6월 1일 기준일에 1주택만 보유하고 있다면, 1세대 1주택 특례를 적용받을 수 있습니다.

주택 재산세는 주택의 공시가격을 기준으로 부과됩니다. 2021년부터는 1세대 1주택자에 한해 특별히 낮은 재산세율을 적용하고 있습니다. 바로 1세대 1주택 특례세율이라고 합니다.

주택 재산세는 공시가격의 60%인 과세표준을 4개 구간으로 나눠서 구간별로 0.1%~0.4%의 재산세율을 곱해서 산출하도록 설계돼 있습니다.

구체적으로 살펴보면 공시가격 기준으로 1억 원 이하는 0.1%, 1억~2억5,000만 원 이하는 0.15%, 2억5,000만 원~5억 원 이하는 0.25%, 5억 원 초과는 0.4% 세율을 적용합니다.

그런데 공시가격 9억 원 이하인 주택 1채만 보유하고 있는 1세대 1주택자는 구간별로 0.05%p 낮은 세율을 적용합니다. 다시 말해 구간별로 0.05%, 0.1%, 0.2%, 0.35% 세율을 곱해서 계산하는 것입니다. (단, 공시가격 9억 원 초과 주택은 1세대 1주택이더라도 다주택과 마찬가지로 0.1~0.4% 세율로 재산세를 부담합니다.)

표준세율과 특례세율 비교

과표	표준세율 (공시가 9억 초과·다주택자·법인)	특례세율 (공시가 9억 이하 1주택자)
0.6억 이하	0.1%	0.05%
0.6~1.5억 이하	6만 원+0.6억 초과분의 0.15%	3만 원+0.6억 초과분의 0.1%
1.5~3억 이하	19.5만 원+1.5억 초과분의 0.25%	12만 원+1.5억 초과분의 0.2%
3~5.4억 이하	57만 원+3억 초과분의 0.4%	42만 원+3억 초과분의 0.35%
5.4억 초과		-

다주택자가 주택을 모두 처분하고 1세대 1주택자가 되면 특례세율을 적용받을 수 있나요?

2주택자나 3주택 이상의 다주택자라 하더라도 보유 주택을 팔고(등기이전 완료) 6월 1일 기준일에 1주택만 보유하고 있다면, 1세대 1주택 특례를 적용받을 수 있습니다.

이때 1세대 1주택 기준 역시 6월 1일 기준 세대별 주민등록표에 함께 기재돼 있는 가족 모두가 1주택만 소유하고 있는 경우를 말합니다.

이 정도만 알아도 절세 고수

종합부동산세

모든 세금은 단 하나의 공식으로 계산됩니다. 바로 '과세표준 × 세율'입니다. 따라서 과세표준과 세율만 알면 모든 세금을 쉽게 구할 수 있습니다.

먼저 '과세표준(課稅標準, standards-based assessment, 이를 줄여서 '과표'라고 합니다)'이란 세금 산출의 기초가 되는 금액을 말합니다. 실무적으로 보면 세율은 이미 결정되어 있으나, 과세표준은 세금의 종류에 따라 계산하는 방법이 다릅니다. 따라서 세금을 줄이기 위해서는 이 과세표준을 정확히 이해할 필요가 있습니다.

부동산 보유 단계에서 내는 종합부동산세의 과세표준은 다음과 같이 계산합니다. 과세기준금액이라는 용어가 새로 눈에 띄는 것만 빼고 앞서 본 재산세 과세표준을 구한 거랑 비슷해 보입니다.

- 종합부동산세 과세표준 : (공시가격 - 과세기준금액) × 공정시장가액비율

먼저 주택공시가격에서 과세기준금액을 뺍니다. 여기에 공정시장가액비율을 곱해 종합부동산세 과세표준을 구합니다. 이때 과세기준금액이란 종합부동산세가 면제되는 금액을 말합니다. 주택은 공시가격 9억 원(1세대 1주택을 단독명의로 보유하고 있는 경우는 12억 원), 종합합산토지(나대지)는 5억 원, 별도합산토지(영업용 토지)는 80억 원으로 규정되어 있습니다.

그리고 종합부동산세 공정시장가액비율은 60%~100% 범위 안에서 대통령령으로 정합니다. 2022년부터 60%를 적용하고 있습니다.

2023년부터 세율은 완화됐습니다. 1주택자는 종전에 0.6~3%의 세율이 적용됐으나, 2023년부터 0.5~2.7%로 낮아졌습니다. 가장 큰 변화는 조정대상지역 내 2주택 중과세율이 폐지된 것입니다. 따라서 조정대상지역에 2주택을 보유한 사람도 중과세율이 아닌 일반세율로 종합부동산세를 내면 됩니다. 종전에는 조정대상지역 내 2주택자의 경우 1.2~6%의 세율로 중과했지만, 2023년부터는 1주택자와 동일하게 0.5~2.7%의 세율이 적용됩니다.

3주택 이상의 중과세율도 완화돼 과세표준 12억 원 초과부터만 중과세율이 적용됩니다. (12억 원 초과 구간부터 적용되는 중과세율은 최고세율이 5.0%로 조정됐습니다.) 다음과 같습니다.

과세표준	일반 2주택 이하		조정대상지역 2주택		3주택 이상	
	종전	현재	종전	현재	종전	현재
3억 원 이하	0,6%	0.5%	1.2%	0.5%	1.2%	0.5%
6억 원 이하	0.8%	0.7%	1.6%	0.7%	1.6%	0.7%
12억 원 이하	1.2%	1.0%	2.2%	1.0%	2.2%	1.0%
25억 원 이하	1.6%	1.3%	3.6%	1.3%	3.6%	2.0%
50억 원 이하	1.6%	1.5%	3.6%	1.5%	3.6%	3.0%
94억 원 이하	2.2%	2.0%	5.0%	2.0%	5.0%	4.0%
94억 원 초과	3.0%	2.7%	6.0%	2.7%	6.0%	5.0%

종합부동산세, 어떤 경우에 중과될까?

- 세법개정으로 3주택자 이상이면 종합부동산세 세율은 일반세율이 아닌 중과세율이 적용된다.

이 문장은 X입니다. 세법개정으로 모든 3주택자 이상이 중과세율을 적용받는 것이 아니라 과세표준이 12억 원을 초과한 때에만, 일반세율 0.5~2.7%가 아닌 중과세율 2.0~5.0%가 적용됩니다.

종합부동산세는 일정 금액을 넘는 부동산을 가지고 있을 때 부과되는 세금입니다. 고액의 부동산 보유자에 대해 세금을 부과하여 부동산 보유에 대해 조세 부담의 형평성을 제고 하고, 부동산의 가격안정을 도모함으로써 지방재정의 균형발전과 국민경제의 건전한 발전에 이바지함을 목적으로 2005년부터 종합부동산세는 시행되었습니다.

종합부동산세는 그 특성상 정부 정책에 따라 과세 방식의 변화가 잦은 편입니다. 도입 첫해 종합부동산세는 개인별로 보유한 주택을 합산해 과세하는 인별 합산 방식을 택했습니다. 기본공제액은 9억 원으로, 9억 원이 넘는 주택에 종부세를 부과했었습니다. 이후 2006년부터 2008년까지는 부동산 가격이 급등하면서 종합부동산세가 더욱 강화됐습니다. 과세 방식이 인별 합산에서 세대별 합산으로 바뀌고, 기본공제액도 9억 원에서 6억 원으로 줄어 종합부동산세 대상 주택이 늘어났습니다. 2009년엔 세대별 합산 방식에서 다시 인별 합산 방식으로 돌아왔습니다. 이때부터 1세대 1주택자 공제제도가 생겨, 기본공제액에 3억 원을 추가로 공제받을 수 있게 됐습니다.

이후 2022년까지 기본공제액은 6억 원으로 유지됐습니다. 1세대 1주택자 공제액은 11억 원으로 2억 원이 더 늘었습니다. 2023년에는 기본공제액이 6억 원에서 9억 원으로, 1세대 1주택자 공제액은 11억 원에서 12억 원으로 다시 인상됐습니다.

이제 과세표준과 세율은 어떻게 변했는지 살펴봅시다. 도입 당시 과표 구간은 5억 5,000만 원 이하, 45억 5,000만 원 이하, 45억 5,000만 원 초과 등 3단계로 세율은 1~3%였습니다. 2006~2008년은 3억 원 이하부터 94억 원 초과까지 4단계 과표 구간으로 1~3% 세율을 적용했습니다. 그러다 2009년부터 10년간은 과표를 6억 원 이하~94억 원 초과 5구간으로 늘리고 세율은 0.5~2%로 낮췄습니다. 다시 2019년에는 과표를 낮춘 3억 원 이하 구간을 신설하고, 이때부터 조정대상지역 2주택자 또는 3주택자 이상 다주택자에게는 중과세율을 적용하기 시작했습니다. 과표 구간별로 기본세율은 0.5~2.7%, 중과세율은 0.6~3.2%였습니다. 2021년 정부는 부동산 투기 억제를 목적으로 다주택자 종부세율을 크게 올렸습니다. 과표 구간별로 중과세율은 1.2~6%로, 전년도와 비교해 2배가량 급등했습니다. 기본세율도 0.6~3%로 오르긴 했지만, 상승폭은 상대적으로 적었습니다.

2023년부터는 종부세율이 완화됐습니다. 특히 크게 올랐던 다주택자 중과세율을 낮춘 게 핵심이었습니다. 과표 25억 원 이하 구간을 추가하고 과표 구간별 중과세율을 0.5~5%로 조정했습니다. 기본세율 역시 낮아졌지만 0.5~2.7%로 전년 대비 미미한 수준이었습니다.

종합부동산세는 지방세법상 재산세 과세대상 주택(주거용 건축물과 그 부속토지를 말함)을 과세대상으로 합니다. 다만, 상시 주거용으로 사용하지 않고 휴양, 피서 또는 위락의 용도로 사용되는 별장은 주택의 범위에는 해당하지만, 지방세법상 재산세를 부과할 때 고율의 단일세율(4%)로 부과되기 때문에 종합부동산세 과세대상에서 제외됩니다.

종합부동산세의 과세기준일은 재산세와 마찬가지로 6월 1일입니다. 따라서 6월 1일에 주택을 소유한 자 (재산세 납세의무자) 중 공시가격을 합산한 금액이 9억 원(1세대 1주택자인 경우 12억 원)을 초과하는 경우 종합부동산세를 내야 할 의무가 있습니다.

세알못 수도권에 현재 거주하고 있는 주택 외에 1주택을 더 보유하고 있는 2주택자입니다. 부동산 경기의 갑작스러운 침체로 인해 기존 주택 처분에 어려움을 겪고 있습니다. 이 때문에 빈번하게 바뀌는 세법 규정에 민감합니다. 부동산 세법이 개정된 것으로 압니다. 특히 다주택자와 관련된 사항들엔 어떠한 것들이 있나요?

택스코디 다주택자들과 연관된 개정사항 중 특기할 만한 것들은 우선 한시적으로 유예했던 다주택자의 양도소득세 중과배제 규정을 2025년 5월 9일까지 다시 연장하기로 했다는 것입니다. 그리고 2023년부터 종합부동산세 또한 전반적으로 완화되는 방향으로 개정되어 주택시장 연착륙을 위한 제도적인 변화가 있는 상황입니다.

세알못 종합부동산세에 대한 개정사항 중에서 다주택자들과 관련된 특이사항은요?

택스코디 우선 주택분 종합부동산세의 공시가액 비율을 애초 100%에서 60%로 크게 하향 조정하고 앞에서 본 것처럼 다주택자에 대한 세율도 축소해 전반적으로 종합부동산세 부담이 완화됐습니다.

그리고 모든 3주택자 이상이 중과세율을 적용받는 것이 아니라 과세표준이 12억 원을 초과한 때에만, 일반세율 0.5~2.7%가 아닌 중과세율 2.0~5.0%가 적용됩니다. 다시 말해 3주택자이더라도 과세표준이 3억 원 이하일 경우 0.5%, 6억 원 이하는 0.7%, 12억 원 이하는 1%의 세율이 매겨집니다. 정리하면 과세표준 12억 원 이하까지는 2주택 이하와 3주택 이상이 동일합니다.

종합부동산세가 왜 이리 급감한 걸까?

- 2023년부터 조정대상지역 2주택자 종합부동산세가 급격히 줄어들었다. 이유는 종합부동산세를 결정하는 모든 구성 요소가 줄었기 때문이다.

이 문장은 O입니다. 2023년부터 종합부동산세가 줄어든 이유는 종합부동산세를 결정하는 모든 구성 요소(공시가격, 과세기준금액, 공정시장가액비율, 종합부동산세율)가 줄었기 때문입니다.

매년 11월 마지막 주에 종합부동산세 고지서가 발송됩니다. 2023년 종합부동산세 납부 대상자는 공시가격 하락 등 영향으로 2022년보다 줄어들었습니다.

그리고 2023년 종합부동산세 과세표준을 결정하는 공정시장가액비율은 60%였습니다. 공정시장가액비율은 제도가 도입된 2008년부터 2018년까지 10년간 80%로 유지됐습니다. 2021년 95%까지 올라갔지만, 2022년 공시가격 급등 등을 이유로 60%까지 내려갔습니다. 2024년에도 동일하게 유지되고 있습니다.

서울 조정대상지역 2주택자입니다. 2년 전에는 2,000만 원 정도 종부세를 냈었습니다. 그런데 지난해(2023년) 종합부동산세를 확인하고 깜짝 놀랐습니다. 종합부동산세 고지된 금액은 약 300만 원가량이었기 때문입니다.

2023년 주택 보유자들은 가벼워진 종합부동산세 고지서를 받았을 것입니다. 특히 세알못 씨처럼 조정대상지역 2주택자들은 무척 환호했습니다.

예를 들어 서울 조정대상지역에서 두 채(강남구 은마아파트와 송파 헬리오시티 두 채)를 가진 경우, 2022년에 종합부동산세 3,900만 원 정도을 냈다면 2023년에는 540만 원으로 86% 감소했습니다. 엄청 급격한 감소입니다. (참고로 매년 11월 말에는 국세청 홈택스와 손택스에서 종합부동산세 고지액 조회가 가능합니다.)

그런데 종부세가 왜 이리 급감한 건가요?

이를 파악하기 위해서는 먼저 종합부동산세를 어떻게 계산하는지를 살펴봐야 합니다. 계산식은 다음과 같습니다.

- 종합부동산세 = [(주택의 공시가 총합-기본공제액) × 공정시장가액비율] × 종합부동산세율

2023년부터 세금이 줄어든 이유는 종합부동산세를 결정하는 모든 구성 요소가 줄었기 때문입니다. 첫째, 2023년에는 주택 공시가가 내려갔습니다. 2023년 공동주택 공시가격은 2022년보다 18.61%(역대 최대폭) 하락했습니다. 집값도 떨어지고, 정부가 공시가 현실화율을 낮추면서 공시가 자체가 더 떨어졌습니다.

둘째, 기본공제액은 커졌습니다. 주택 공시가에서 빼주는 금액이 늘었으니 과세표준도 줄어들게 됩니다. 다주택자는 1인당 9억 원까지 공제되고, 1세대 1주택자는 12억 원까지 공제해줍니다. 종전에는 6억 원까지만 공제해주던 걸 9억 원까지 빼주기로 한 것입니다. 1세대 1주택은 11억 원까지만 공제해주던 것을 12억 원으로 더 늘렸습니다. 공제금액이 커졌으니까 당연히 세금을 매기는 금액이 줄어들게 됩니다.

셋째, 공정시장가액비율은 최저인 60%가 적용됐습니다. 공정시장가액비율은 종합부동산세를 계산할 때 과세표준에 곱하는 비율입니다. 공정시장가액비율이 높을수록 종합부동산세는 올라가는 구조입니다. 정부가 시행령으로 60%~100% 범위 내 조정하는데 정부는

부동산세 부담이 과중하다며 공정시장가액비율을 종합부동산세법이 시행령에 위임한 하한선인 60%까지 내렸고 이를 2024년도 유지하고 있습니다.

넷째, 종합부동산세율까지 낮아졌습니다. 종전에는 조정대상지역 2주택자도 중과세율이 적용됐는데, 세법개정으로 조정지역 2주택자의 중과세율을 없애고 일반세율로 과세하기로 했습니다. 이렇게 종합부동산세를 결정하는 모든 구성 요소가 종합부동산세를 줄이는 쪽으로 변했기 때문에 2023년에 급격하게 부담이 줄어든 것입니다.

2024년에도 공시가격 현실화율은 2023년과 같은 69%로 동결됐고, 종합부동산세 과세표준을 결정하는 공정시장가액비율도 역시 최저 수준인 60%를 유지됐습니다.

다주택자들은 숨통이 트입니다. 서울 2채 이상, 특히 강남 용산 등 고가주택을 가진 다주택자들은 수천만 원 나오는 종합부동산세가 정말 고통이었는데 거의 10분의 1 수준으로 급감해서 한숨 돌리는 상황입니다. 종합부동산세 압박으로 인한 매도물량은 더는 나오지 않을 것 같습니다.

종합부동산세도 1세대 1주택자로 보는 특례가 있다

- 종부세 역시 양도세와 같이 재건축 시행 기간 내에 거주하기 위해 취득한 대체주택에 대해 1세대 1주택자로 보는 특례가 있다.

이 문장은 X입니다. 재건축사업 시행 기간 내 거주를 위해 취득한 주택을 재건축 완성일부터 3년 이내에 양도하는 경우에는 1세대 1주택으로 양도소득세는 비과세를 적용받을 수 있지만, 종합부동산세는 그러한 특례가 없으니 주의해야 합니다.

2022년부터 세법개정으로 일시적 2주택 특례제도가 시행되며 납세자가 특례를 신청하는 경우 1주택자로 봐 종합부동산세 계산 시 기본공제 12억 원과 고령자 공제와 장기보유세액공제를 합해 최대 80%를 세액에서 공제 가능합니다. 일시적 2주택 특례가 없었다면 기본공제는 9억 원이고 세액공제는 없던 데서 혜택이 커지는 것입니다.

구체적으로 신규주택 취득일로부터 3년이 지나지 않은 일시적 2주택자, 1가구 1주택 상태에서 상속으로 인해 2주택 상태가 된 지 5년 이하인 자, 그 밖에 1가구 1주택 상태에서 비수도권 또는 기획재정부령으로 정하는 지역의 공시가격 3억 원 이하 주택을 함께 보유하는 자 등은 1주택자로 보아 12억 원의 기본공제를 적용받을 수 있게 했는데, 특히 무허가주택의 부수 토지가 처음으로 주택 수에서 제외되게 됐습니다.

그럼 상속받은 주택은 5년이 지나면 무조건 종합부동산세 주택 수에 포함되는 것인가요?

원칙은 5년 동안만 제외되는 것이나 공시가격 기준 수도권 6억 원, 비수도권 3억 원 이하의 저가주택 또는 상속주택에 대한 지분이 40% 이하인 소액지분의 경우엔 기간 제한 없이 주택 수에 더하지 않습니다.

상속주택과 지방 저가주택이 종부세 주택 수 계산에서 빠지면서 상황에 따라 세율부담도 크게 줄어들 수 있습니다. 앞장에서 본 것처럼 종합부동산세는 조정대상지역 3주택 이상이면 세율이 크게 뜁니다. 따라서 종합부동산세 납세대상자는 과세기준일인 6월 1일 기준으로 대체주택, 상속주택, 지방 저가주택 등의 보유상황이 고지서에 제대로 반영됐는지를 꼭 확인해야 합니다.

참고로 양도소득세는 종전 주택 취득 뒤 1년 이상이 지나고 신규주택을 취득해야 일시적 2주택 특례를 적용받을 수 있지만, 종합부동산세는 종전 주택 양도 전 신규주택을 바로 취득해도 일시적 2주택 특례대상이 됩니다. 단 특례 적용은 과세기준일 당시 신규주택 취득일로부터 3년 이내로 한정됩니다.

세알못 일시적 2주택 특례를 적용받은 뒤 신규주택 취득일로부터 3년 안에 종전 주택을 양도하지 못하면 어떻게 되나요?

택스코디 경감받은 종합부동산세는 추징하며, 이자에 상당하는 가산액까지 추가로 내야 하니 주의해야 합니다.

세알못 1세대 1주택자입니다. 살고 있던 주택이 재건축에 들어가자, 새로운 대체주택을 취득해 거주하다가 재건축사업 완료 후 준공된 주택으로 이사했습니다. 이에 대체주택을 바로 양도하려 했는데 주택의 완성일로부터 3년 이내에만 양도하면 비과세가 된다는 지인의 말에 양도 시점을 미뤘다가 2주택자로 종합부동산세를 고지받게 됐습니다.

택스코디 재건축사업 시행 기간 내 거주를 위해 취득한 주택을 재건축

완성일부터 3년 이내에 양도하는 경우에는 1세대 1주택으로 양도소득세는 비과세를 적용받을 수 있지만, 종합부동산세는 그러한 특례가 없으니 주의해야 합니다.

1주택자가 해당 주택의 재건축사업 기간 대체주택을 취득한 후 재건축이 완료되면 유예기간 없이 2주택자로 과세합니다. 따라서 재건축주택 준공 후 최초로 도래하는 6월 1일 이전까지 대체주택을 양도하면 1세대 1주택자 혜택을 받을 수 있습니다.

참고로 부부 공동명의로 1주택을 보유하는 경우 세대 기준에서는 1주택이지만, 부부가 각각 1주택씩을 보유한 것으로 간주해 2주택자와 같은 종합부동산세가 부과되는 특징이 있습니다.

이 경우 12억 원이 아닌 부부가 각각 기본공제를 9억 원씩 18억 원을 공제받을 수 있는 장점도 있지만, 1세대 1주택자에게 주어지는 고령자 및 장기보유세액공제를 받지 못하는 불리함이 발생합니다. 이런 이유로 부부가 18억 원을 공제받을 것인지, 1주택자와 같이 12억 원을 공제받고 최대 80%의 세액공제를 추가로 받을 것인지를 선택할 수 있도록 기회를 줍니다. 바로 부부 공동명의 1주택자 과세특례입니다.

1세대 1주택자는 종합부동산세 납부유예를 신청할 수 있다고 들었습니다. 구체적으로 어떤 조건이 필요한가요?

다음 네 가지 요건을 모두 충족해야 합니다.

- 과세기준일 현재 1세대 1주택자일 것
- 만 60세 이상이거나 해당 주택을 5년 이상 보유 중일 것
- 직전 과세기간 총급여액이 7,000만 원 이하이고, 종합소득과세 표준에 합산되는 종합소득금액이 6,000만 원 이하일 것
- 해당연도 주택분 종부세액이 100만 원을 초과할 것

납부유예 신청 기간은 12월 1일 ~12일까지입니다. 세무서에 방문해서 신청할 수 있습니다. 납부유예 허가 뒤 해당 주택을 타인에게 양도 또는 증여하는 등 납부 사유가 생기면 납부를 유예받은 세액과 이자 상당 가산액을 더해 내야 합니다.

이 정도만 알아도 절세 고수

양도소득세

모든 세금은 단 하나의 공식으로 계산됩니다. 바로 '과세표준 × 세율'입니다. 따라서 과세표준과 세율만 알면 모든 세금을 쉽게 구할 수 있습니다.

먼저 '과세표준(課稅標準, standards-based assessment, 이를 줄여서 '과표'라고 합니다)'이란 세금 산출의 기초가 되는 금액을 말합니다. 실무적으로 보면 세율은 이미 결정되어 있으나, 과세표준은 세금의 종류에 따라 계산하는 방법이 다릅니다. 따라서 세금을 줄이기 위해서는 이 과세표준을 정확히 이해할 필요가 있습니다.

양도소득세 과세표준을 이해하려면, 우선 양도가액(매매가격)과 양도차익·양도소득금액을 구분해야 합니다. 양도가액에서 취득가액, 그리고 양도할 때의 경비(예를 들어 부동산중개수수료 등)를 뺀 게 양도차익입니다. 이런 양도차익에서 장기보유특별공제를 뺀 금액이 양도소득금액이고, 여기에서 기본공제 (250만 원)을 다시 공제하면 세금을 부과하는 기준금액인 과세표준이 나옵니다. 따라서 양도소득세 과세표준을 구하려면 이런 3단계 과정을 거쳐야 합니다. 다음 표를 참고합시다.

1. 양도차익	양도가액 - 취득가액 - 필요경비	
2. 양도소득금액	양도차익 - 장기보유특별공제액	장기보유특별공제액 = 양도차익 × 장기보유특별공제율
3. 과세표준	양도소득금액 - 기본공제	

참고로 양도소득세 세금 부과의 기준가격은 국세청이 매년 고시하는 기준시가가 아니라 실제 거래가격(시가)인 것도 잊지 말아야 합니다.

2023년부터 소득세 세율이 바뀌었습니다. 구체적으로 소득세 과세표준 구간이 일부 조정됐습니다. 종전에는 6%의 세율이 과표 1,200만 원 이하 구간에 적용됐지만, 2023년부턴 1,400만 원 이하로 확대됐습니다. 15% 구간은 1,200만~4,600만 원에서 1,400만~5,000만 원으로, 24% 구간은 4,600만~8,800만 원에서 5,000만~8,800만 원으로 조정됐습니다. 높은 세율(35~45%)이 적용되는 8,800만 원 초과 구간은 바뀌지 않았습니다. 다음 표와 같습니다.

소득세 누진공제표

과세표준	세율	누진공제액
1,400만 원 이하	6%	
1,400만 원~5,000만 원 이하	15%	126만 원
5,000만 원~8,800만 원 이하	24%	576만 원

8,800만 원~1억 5천만 원 이하	35%	1,544만 원
1억 5천만 원~3억 원 이하	38%	1,994만 원
3억 원~5억 원 이하	40%	2,594만 원
5억 원~10억 원 이하	42%	3,594만 원
10억 원 초과	45%	6,594만 원

1세대 1주택 양도소득세 비과세, 쉽게 정리해보자

- 조정대상지역 주택 취득 시, 1세대 1주택 양도세 비과세를 적용받으려면, 연속해서 2년을 거주해야 한다.

이 문장은 X입니다. 조정대상지역 내 주택 취득 시 2년 거주요건은 연속해서 거주하지 않아도 됩니다. 나눠서 거주해도 총 거주기간이 2년 이상이면 됩니다. 예를 들어 주택을 취득하고 6개월 살다가 2년 전세를 주고, 다시 1년 6개월 거주하면 총 2년 거주한 것으로 판단합니다. 참고로 2년 이상 거주해야 하는 요건은 2017년 8월 3일 이후 취득하는 주택에 한정합니다. 따라서 2017년 8월 2일 이전에 취득한

주택은 취득 당시 조정대상지역이더라도 양도소득세 비과세를 위한 2년 거주요건을 적용하지 않습니다.

1세대 1주택자는 살던 집을 팔아 양도차익이 생기더라도 고가주택(시가 12억 원)이 아닌 한 양도소득세를 내지 않는다는 사실은 상식에 가까울 정도로 널리 아는 사실입니다. 하지만, 의외로 정확히 알고 있는 사람은 드뭅니다. 1주택 비과세 제도는 복잡한 세법치고는 비교적 간단한 제도이지만, 제대로 몰라서 놓칠 수 있는 있어 주의가 필요합니다. 참고로 우리나라 주택을 소유한 가구 중 75% 정도가 1주택을 소유하고 있습니다.

세알못 35살, 직장인이며 울산에 제 명의로 된 주택을 1채 가지고 있습니다. 그 집은 2년 이상 전세를 주고 부모님과 함께 살고 있습니다. 이런 상황에서 울산에 있는 집을 팔면 양도세가 부과되나요? 비과세를 적용받으려면 어떻게 해야 하나요?

택스코디 주택을 팔면서 양도소득세를 내지 않으려면 '1세대가 1주택을 2년 이상 보유'해야 합니다. 2017년 8월 3일 이후 조정대상지역에서 주택을 취득하면 2년 이상 거주해야 합니다.
1세대 1주택자가 양도소득세 비과세를 적용받기 위한 조건은 다음과 같습니다.

양도소득세 1세대 1주택 비과세 자가진단법

대상이 주택이어야 한다.	주택이란 주거용 건물로서 문서상의 용도가 아닌 사실상의 용도로 판정합니다. 예를 들어 오피스텔이 서류에 사무실로 기재되어 있더라도 실제 거주용으로 사용한다면 그 오피스텔을 주택으로 봅니다.
1세대를 대상으로 한다.	1세대란 배우자와 기타 가족이 생계를 같이하고 있는 집단을 말합니다. 이런 가족 구성원들을 통틀어 1세대로 보는데, 판정은 주민등록등본을 통해 이뤄집니다. 다만, 배우자가 없더라도 30세 이상이거나 중위소득 40% 이상 소득세법상 소득이 있다면 1세대로 인정됩니다. 만약 부모님이 따로 살고 있지만, 건강보험 등의 이유로 주민등록을 옮겨 놓은 상태에서 집을 양도하면 1세대 1주택으로 보지 않을 수 있어 세금이 부과될 수도 있습니다. 또 양도일 전부터 다른 주택 등이 없는 상태에서 1주택만 보유해야 합니다.
2년 이상 보유 및 거주해야 한다.	1세대 1주택 비과세를 적용받기 위해서는 원칙적으로 2년 이상 주택을 갖고 있어야 합니다. (조정대상지역에서 취득했다면 2년 거주요건도 갖추어야 합니다.)

그렇다면 세알못 씨가 소유한 주택은 세금이 부과될까요? 위 내용을 바탕으로 순서대로 3가지 질문을 해봅시다.

1번	주택인가?	세알못 씨 부동산은 주택입니다.
2번	1세대 1주택인가?	부모님과 함께 1세대를 이루고 있으므로 1세대 2주택이 됩니다. 따라서 본인 소유 울산 주택을 팔 때 양도소득세가 부과됩니다. 하지만 근로소득이 있으므로 세대 분리를 하면 1세대로 인정됩니다. 그러므로 세대를 분리해 1세대로 만들면 비과세를 적용받을 수 있습니다.
3번	2년 이상 보유 및 거주했나?	2년 이상 전세를 주고 있었으므로 보유요건을 갖추었습니다. 울산은 취득 당시 조정대상지역이 아니므로 거주요건과는 무관합니다.

조정대상지역인 상태에서 주택을 매입해 즉시 전세를 줬는데, 규제지역에서 해제된 후 '1세대 1주택 비과세를 적용받겠다'라고 생각하고 처분했다가 생각지 못한 양도소득세 폭탄이 떨어졌습니다.

소득세법은 거주자인 1세대가 국내에 주택 1채를 2년 이상 보유하다 처분하는 경우, 양도금액 12억 원까지는 양도소득세를 전액 비과세한다고 규정하고 있습니다.

그런데 2017년 8월 2일 이른바 '8·2 부동산 대책' 발표에 따라 주택 취득 당시 조정대상지역으로 지정된 곳이라면 2년 이상 거주요건을 갖춰야 비과세 혜택을 받을 수 있습니다. 여기서 주의해야 할 것은 2년 거주 의무가 부여된 조정대상지역은 2024년 11월 현재(강남 3구·용산구)가 아니라 과거 취득 시점이 기준이라는 사실입니다.

따라서 세알못 씨처럼 조정대상지역에서 주택을 매입해 실제 살지 않고 전세를 줬는데, 규제지역에서 해제됐다고 생각하고 처분했다간 생각지 못한 양도소득세 폭탄이 떨어질 수 있는 것입니다. 다시 강조하지만, 1세대 1주택자가 조정대상지역 주택 취득 시 양도소득세 비과세를 적용받으려면 2년 거주를 꼭 해야 합니다.

참고로 상거래를 할 때 계약 기간을 정하는 경우가 생깁니다. 특별한 사정이 없다면 통상 민법을 따라 기간을 계산합니다. 기간을 일, 주, 월, 연 단위로 정했다면 기간의 초일은 산입하지 않습니다. 예를 들어 올해 5월 5일 오후 3시에 돈을 빌리면서 5일 뒤에 갚기로 했다면 민법상으로는 5월 10일 밤 12시까지 갚아야 합니다. 돈을 빌린 첫날인 5월 5일은 포함하지 않고 계산해서입니다. 이를 '초일 불산입, 말일 산입'이라고 합니다.

그런데 세법은 이렇지 않습니다. 세법은 '초일 산입, 말일 불산입'이 원칙입니다. 보유 기간을 계산할 때 취득일인 '초일'을 포함해 계산해야 한다는 뜻입니다. 1가구 1주택 양도소득세 비과세 요건을 예로 들어봅시다. 현행 소득세법과 시행령 등에 따르면 1가구 1주택자가 해당 주택을 2년 이상 보유하고 2년 이상 거주한 경우라면 양도소득세를 매기지 않습니다. 집주인들은 2년 요건을 채우는 시점이 가장 궁금할 텐데, 취득일인 '초일'을 포함해서 계산해야 합니다. 예를 들어 취득일이 2024년 9월 10일이라면 2년 요건을 채우는 시점은 2026년 9월 9일이 됩니다. 이날부터는 양도소득세를 물지 않고 팔 수 있다는 뜻입니다. 거주기간을 계산할 때도 초일을 산입합니다. 따라서 집을 오래 보유하고 거주할수록 양도소득세를 깎아주는 '장기보유특별공제' 기간을 따질 때도 초일을 포함하면 됩니다.

2년 보유하지 않아도 비과세 적용받을 수 있다?

- 양도소득세 비과세 혜택을 계획하고 집을 샀지만, 1주택자가 부득이한 사유로 2년 보유 및 거주요건을 채우지 못할 때 구제하는 제도가 있다. 단 이때에도 최소 1년은 거주해야 2년 보유·거주 요건의 특례가 인정된다.

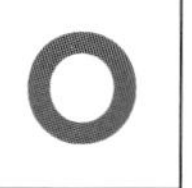

이 문장은 O입니다. 소득세법 시행령 154조는 '1년 이상 거주한 주택을 취학, 근무상의 형편, 질병의 요양, 그 밖에 부득이한 사유로 양도하는 경우 보유·거주 기간을 적용하지 않는다'고 규정하고 있습니다.

앞장에서 말한 내용을 다시 복습하자면 1세대 1주택 양도소득세 비과세 규정은 원칙적으로 2년 보유(비조정대상지역 취득) 및 거주요건(조정대상지역 취득)을 충족해야 합니다. 이런 비과세 혜택을 계획하고 집을 샀지만, 1주택자가 부득이한 사유로 2년 보유 및 거주요건을 채우지 못할 때 구제하는 제도가 있습니다.

부득이한 사유란 구체적으로 어떻게 되나요?

세법상 허용한 '부득이한 사유'로는 취학과 근무상 형편, 질병의 요양 등입니다.

이때 주의해야 할 것은 세법이 열거한 부득이한 사유라도 최소 1년은 거주해야 2년 보유·거주 요건의 특례가 인정된다는 것입니다.

소득세법 시행령 154조는 '1년 이상 거주한 주택을 취학, 근무상의 형편, 질병의 요양, 그 밖에 부득이한 사유로 양도하는 경우 보유·거주 기간을 적용하지 않는다'고 규정하고 있습니다.

여기서 주의할 것은 자녀 취학의 특례가 적용되는 학교급은 초·중학교는 제외되고 고등학교와 대학교에 한합니다.

또 해외 이주로 세대 전원이 출국하는 경우 출국일부터 2년 이내에 양도하면 보유·거주 요건을 충족하지 않아도 비과세 됩니다. 다음 표를 참고합시다.

취학	초등학교, 중학교 제외하고 고등학교와 대학교에 한함
이직	다른 직장으로의 이직과 같은 직장의 전근 등 모두 포함. 자영업자의 사업장 변경은 제외
치료(요양)	1년 이상의 치료나 요양해야 하는 질병의 치료 또는 요양인 경우(출산을 위한 치료 및 요양도 포함)
해외 이주	세대 전원이 출국하는 경우, 출국일부터 2년 이내에 양도하면 보유·거주 요건을 충족하지 않아도 비과세

그리고 보유·거주기간 특례는 부득이한 사유가 발생하기 전에 취득한 주택만 적용됩니다.

다시 강조하지만, 보유·거주기간 특례를 적용받기 위해서는 해당 주택에서 1년 이상 거주를 해야 합니다. 따라서 1년 보유만 하고 거주하지 않았다면 적용받을 수 없습니다. 거주기간 계산은 해석의 여지가 있지만, 취득일부터 양도하는 날까지의 보유 기간 중 거주한 기간을 기준으로 판단합니다.

마지막으로 부득이한 사유로 인해 주거이전의 경우 종전 주택의 양도 시기는 부득이한 사유가 발생한 후에서 부득이한 사유가 해소되기 전에 양도해야 합니다.

규정의 취지가 단기간 내 해소되지 않는 부득이한 사유로 보유 및 거주기간을 충족하지 못하는 상황을 해소하기 위한 것이므로 만약 부득이한 사유가 해소됐다면 해당 특례를 적용받을 수 없습니다.

일시적 2주택 비과세 특례, 쉽게 이해하자

- 1주택자가 상속을 받아 2주택이 되었다. 이때 상속주택을 팔면 양도세 비과세를 적용받는다.

이 문장은 X입니다. 1주택자가 주택을 상속받아 2주택이 되었을 때, 상속주택이 아닌 기존 주택을 먼저 양도하면 기간에 상관없이 양도소득세가 나오지 않습니다. 물론 기존 주택이 비과세 요건을 갖추어야 합니다.

상속을 받아 2주택이 되었습니다. 주택 중 하나를 팔려고 합니다. 기존 주택과 상속주택 중 어떤 주택을 먼저 파는 것이 좋나요?

결론부터 말하자면 기존 주택을 먼저 양도하는 것이 유리합니다. 1주택자가 주택을 상속받아 2주택이 되었을 때, 기존 주택을 먼저 양도하면 기간에 상관없이 양도소득세가 나오지 않습니다. (물론 기존 주택이 비과세 요건을 갖추어야 합니다. 만약 기존 주택을 취득한 지 1년밖에 안 됐다면 상속 이후 1년을 추가로 보유한 후 양도해야 비과세 혜택을 적용받을 수 있습니다.)

일반적인 양도소득세 계산방법은, 1세대 1주택자가 주택을 양도할 때는 고가주택 (12억 원 초과)만 과세하고, 1세대 2주택자는 어떤 주택을 양도하더라도 양도소득세가 나옵니다.

다만 일시적 2주택인 경우 기존 주택을 3년 이내에 양도하면 양도소득세가 부과되지 않습니다. 이 경우에도 주의할 점이 있습니다. 반드시 종전 주택을 취득한 날로부터 1년은 지난 후에 갈아탈 새집을 사야 합니다. 종전 주택을 취득한 날로부터 '1년이 지난 후에 신규주택을 취득한 때'에만 일시적 1세대 2주택으로 인정받을 수 있기 때문입니다.

1주택자(일시적 2주택 포함)는 2년 이상 보유하면 양도소득세 비과세 혜택을 받을 수 있습니다. 다시 복습해 보면 취득 당시 조정대상지역의 주택은 2년 이상 보유하면서 2년 이상 거주도 해야 합니다.

여기서 2년 거주요건은 보유하는 기간을 통산해서 따집니다. 총 보유 기간 중 2년 이상만 거주했다면 요건을 갖춘 게 됩니다. 1년 거주하고, 임대를 놓다가 다시 1년 거주해서 2년을 채웠다면 거주요건을 갖춘 겁니다.

1세대 1주택자라도 이사를 하거나 집을 갈아타는 경우 일시적으로 2주택이 되는 기간이 있을 수 있죠. 새로 산 집과 팔 집의 보유 기간이 잠시 겹치는 겁니다.

이때 3년 내에만 종전 주택을 처분하면 종전에 보유하던 주택을 팔 때 생기는 양도소득세를 비과세합니다. 그냥 1세대 1주택자처럼 말이죠.

이 모두를 정리하면 먼저 국내 1주택(종전 주택)을 소유한 1가구가 종전 주택을 양도하기 전 새집을 취득해 일시적으로 2주택이 된 경우, 종전 주택을 취득한 날로부터 1년 이상이 지난 후 새집을 취득한 날로부터 3년 내 종전 주택을 양도하면 1가구 1주택자로 보고 비과세를 적용합니다. 물론 양도하는 종전 주택은 2년 보유 (거주)기간 등 비과세 요건은 갖춰야 합니다. 다음과 같이 1·2·3 법칙만 기억하면 됩니다.

1	종전 주택과 새로운 주택의 취득일 사이 보유 기간이 1년 이상이 될 것
2	종전 주택의 양도일 현재 비과세 요건 (2년 보유 또는 거주요건)을 갖출 것
3	새로운 주택을 취득한 날로부터 3년 내 종전 주택을 처분할 것

여기서 잠깐! 앞에서 세법은 '초일 산입, 말일 불산입'이 원칙이라

고 했습니다. 다만, 이런 원칙이 모든 경우에 적용되는 건 아닙니다. 예외가 있습니다. 바로 일시적 2주택자에 대한 양도소득세 비과세 요건을 따지는 경우가 대표적입니다. 현행 세법에선 1가구 1주택자가 기존 주택을 처분하기 전에 다른 주택을 취득해서 일시적 2주택자가 된 경우 기존 주택을 취득한 날부터 '1년 이상 지난 뒤'에 신규주택을 취득했고, 신규주택을 취득한 날부터 3년 이내에 기존 주택을 양도하는 경우라면 양도소득세가 비과세됩니다.

여기서 첫 번째 조건인 '1년 이상 지난 뒤'를 따질 때는 초일은 불산입합니다. 즉, 취득일은 포함하지 않고 계산한다는 말입니다. 예를 들어 2024년 9월 30일에 기존 주택을 취득했다면, 만으로 1년이 되는 날의 다음 날인 2025년 10월 1일부터 신규주택을 구입해야만 양도소득세 비과세 조건을 충족하게 됩니다.

또 '신규주택을 취득할 날부터 3년 이내 기존 주택을 양도해야 한다'라는 부분도 민법의 초일 불산입 규정을 따릅니다. 2024년 11월 1일에 신규주택을 취득하였다면 기존 주택을 늦어도 2027년 11월 1일까지는 처분해야 비과세 혜택을 받을 수 있습니다.

농어촌주택은 1세대 1주택 판단 시 주택으로 보지 않는다

- 일시적 2주택을 보유한 1세대가 농어촌주택을 추가로 취득하고 종전 주택을 양도하면 '1세대 1주택 특례'를 적용받을 수 있다.

이 문장은 O입니다. 세법에선 일반주택 1채를 보유하다가 취득한 농어촌주택은 보유 주택 수에 포함하지 않아도 되는 혜택을 주고 있습니다. 다시 말해 도시의 주택과 농어촌주택을 함께 보유하더라도 결국 1주택자인 셈입니다. 따라서 일시적 2주택을 보유한 1세대가 조특법에 따른 농어촌주택을 취득한 때에도 '1세대 1주택 비과세 특례'가 적용됩니다.

주택시장 변화에 따라 양도소득세 규정은 정말 자주 바뀌었습니다. 덩달아 1세대 1주택, 특히 일시적인 1세대 2주택에 대한 양도소득세 비과세 요건도 수시로 개정돼 혼란이 많았습니다.

1주택자가 양도소득세 비과세를 적용받으려면 2년 이상 보유한 뒤에 팔아야 합니다. 2년도 지나지 않아 다른 주택으로 갈아타는 경우는 1주택자라고 하더라도 투기목적의 단기매매로 보고 비과세 혜택을 주지 않기 때문입니다. 단기보유 주택은 오히려 더 높은 양도세율을 적용합니다. 2년 미만은 60%, 1년 미만은 70% 세율로 양도소득세를 계산합니다.

세알못 2013년 10월에 대구시 내 주택 한 채 (A 주택)를 취득했습니다. 이후 2022년 2월에 또 다른 주택 (B 주택)을 취득했고, 그 해 10월엔 경상북도 청도군 내 농어촌주택 (시골집)을 샀습니다. 2024년 12월에 A 주택을 처분할 계획을 세웠습니다.
저와 같이 일시적 2주택을 보유한 1세대가 농어촌주택을 추가로 취득하고 A 주택을 양도하면 '1세대 1주택 특례'를 적용받을 수 있나요?

택스코디 원칙대로라면 2주택 이상을 보유하다가 그중 한 채를 먼저 팔게 되면 양도소득세를 면제받지 못할 뿐 아니라 조정대상지역에 소재한 주택일 땐 오히려 중과된 세금을 맞습니다. 그러나 농어촌주택이 있다면 이야기가 달라집니다.
세법에선 일반주택 1채를 보유하다가 취득한 농어촌주택은 보유 주택 수에 포함하지 않아도 되는 혜택을 주고 있습니다.

다시 말해 도시의 주택과 농어촌주택을 함께 보유하더라도 결국 1주택자인 셈입니다.
이때 중요한 것은 취득 순서입니다. 기존 주택을 보유한 상태에서 농어촌주택을 취득하고 기존 주택을 팔 때 비과세되지만, 반대로 농어촌주택을 먼저 취득한 상태에서 도시지역 아파트를 매입해 이를 처분하면 비과세 대상에서 제외됩니다.
(이런 특례 요건은 2025년 12월 31일까지 적용되지만, 계속 연장됐기에 크게 신경 쓰지 않아도 됩니다.)

물론 단순히 농어촌에 집이 있다고 해서 세금 혜택을 받을 수는 없습니다. 기간이나 장소, 규모 등 세법에서 정한 요건을 갖추어야 합니다. 기간만 떼어내서 보면, 2003년 8월 1일(고향 주택은 2009년 1월)부터 2025년 12월 31일까지 기간 내 농어촌주택을 취득해 3년 넘게 보유해야 합니다. 또 취득 당시의 기준시가가 3억 원 이하여야 하며 수도권 지역, 도시지역, 조정대상지역, 토지거래허가구역, 관광단지 등의 지역 외에 소재하는 주택의 경우라야 해당합니다. 세알못 씨는 이런 요건을 모두 갖췄다고 가정하고, 앞서 배운 1·2·3 법칙을 적용해 봅시다.

1	종전 주택과 새로운 주택의 취득일 사이 보유 기간이 1년 이상이 될 것	만족: A 주택 취득 후 1년 경과 후 B 주택 취득
2	종전 주택의 양도일 현재 비과세 요건(2년 보유 또는 거주요건)을 갖출 것	만족: A 주택 2년 이상 보유
3	새로운 주택을 취득한 날로부터 3년 내 종전 주택을 처분할 것	만족: 계획대로 2024년 12월에 팔면 3년 내 종전 주택을 처분하게 됨

정리하면 종전 주택을 취득하고 1년이 지난 후 비조정대상지역에 소재한 신규주택을 취득해서 일시적 2주택을 보유한 1세대가 조특법에 따른 농어촌주택을 취득한 경우로서, 일시적 2주택 중 종전 주택을 신규주택 취득일부터 3년 이내에 양도하는 경우에는 국내에 1개의 주택을 소유하는 것으로 봅니다. 따라서 '1세대 1주택 비과세 특례'가 적용된다는 말입니다.

반드시 농어촌주택을 3년 이상 보유한 후 일반주택을 양도해야 비과세가 되는가요?

3년 미만 보유라도 일반주택의 비과세 양도는 가능합니다. 하지만 사후관리를 하고 있으므로, 일반주택을 비과세로 양도한 후 농어촌주택을 3년 이상 보유하지 못하게 되는 경우 과소납부한 양도소득세액을 자진 신고 • 납부해야 합니다.

그럼 농어촌주택을 3년 이상 보유하여야 하는 것에 관한 예외조항은 없는가요?

법률에 따른 수용이나 상속 또는 멸실의 사유로 인해 농어촌주택을 3년 이상 보유하지 못한 경우는 부득이한 사유로 보아 예외를 적용하고 있습니다.

1세대 1주택이라도 고가주택이면 양도소득세가 부과된다

- 1세대 1주택자도 고가주택이면 양도세가 부과된다. 이때 장기보유특별공제는 최대 80%까지 적용받을 수 있다.

O

이 문장은 O입니다. 1세대 1주택이라도 12억 원을 초과하는 부분에 대해서는 양도소득세를 계산해서 부담해야 합니다. 이때에도 보유 기간과 거주기간에 따른 장기보유특별공제(보유 기간 × 4% + 거주기간 × 4%, 10년 최대 80%)를 적용받을 수 있습니다.

얼마짜리 집을 가진 사람이 부자인가요?

조세에 부의 재분배 기능이 있으므로 부자들은 더 많은 세금을 냅니다. 부자 징표 중 하나가 비싼 집입니다. 그러면 얼마나 비싸야 비싼 집일까요? 이에 과세당국이 내놓은 답은 '12억 원'입니다. 집값이 이 기준액을 초과할 때 고가주택으로 간주한다는 게 정부가 제시한 답입니다.

집을 팔 때 차별 가능성은 현실화됩니다. 산 가격보다 조금이라도 비싼 가격에 비싼 집을 거래했다면 그때 남긴 시세차익(양도차익)의 대가가 세금입니다. 바로 양도소득세입니다. 저가주택은 비과세가 기본이니 집값이 12억 원을 넘지만 않았으면 감당할 필요가 없었을 손해입니다.

"1세대가 양도일 현재 국내에 1주택을 보유하고 있는 경우 보유기간이 2년 이상일 때는 양도세가 부과되지 않습니다. 다만 양도 당시 실지거래가액(실거래가)이 12억 원을 초과하는 고가주택은 제외합니다."

국세청 안내입니다. 저가와 고가주택을 가르는 금액 기준선이 '실거래가 12억 원'으로 명시돼 있습니다. 기준금액보다 비싸게 거래된 고가주택이면 아무리 보유 기간이 길어도 양도소득세를 면제해 줄 수 없다는 말입니다. 참고로 고가주택 기준액이 12억 원으로 조정된 것은 2021년 12월입니다.

양도소득세 부과 토대가 실제 거래가격인 것은 기본적으로 실현

된 소득(양도차익)에 세금을 물리는 세무 원칙과 관련이 깊습니다. 다만 주의할 게 있습니다. 양도소득세가 취득세와 함께 거래세로 분류되는 게 일반적이기는 하지만, 거래액이 아니라 양도자가 주택 거래로 남긴 시세차익, 즉 소득이 과세표준이라는 사실입니다.

쉽게 말해 거래가격이 12억 원을 넘는 고가주택이어도 양도 때 소득(양도차익)이 발생하지 않았거나 양도자가 손해(양도차손)를 봤다면 세금이 없습니다. 가령 20억 원에 산 주택을 손해 보며 16억 원에 팔았다면 양도소득세가 부과되지 않습니다.

양도소득세를 계산하려면 먼저 양도가액에서 취득가액, 필요경비 (자본적 지출액 및 양도비 등) 를 차감해 양도차익부터 계산하고, 3년 이상 보유한 주택을 양도할 때 적용하는 장기보유 특별공제액을 공제해 양도소득금액을 계산합니다. 여기에 기본공제 250만 원을 차감해 산출한 양도소득 과세표준에 세율을 곱하면 양도소득 산출세액이 계산됩니다. 다음 표를 참고합시다.

양도소득세 계산 구조

1. 양도차익	양도가액 - 취득가액 등 필요경비
2. 양도소득금액	양도차익 - 장기보유특별공제액
3. 과세표준	양도소득금액 - 기본공제
4. 산출세액	(과세표준 × 세율) - 누진공제

위 표에서 장기보유특별공제란 무엇을 말하는 건가요?

장기보유한 주택을 양도 시 양도소득금액을 계산할 때 양도차익의 일정 부분을 공제해주는 제도를 '장기보유특별공제'라고 합니다.

주택 및 조합원입주권을 3년 이상 보유하고 양도하는 경우에는 양도차익에서 보유기간 또는 거주기간별 공제율을 곱해 다음처럼 장기보유특별공제액을 계산합니다.

- 장기보유특별공제액 = 양도차익(양도가액 - 취득가액 등 필요경비) × 보유·거주기간별 공제율

일반적인 경우 보유기간이 3년 이상인 토지·건물·조합원입주권(조합원으로부터 취득한 것은 제외)에 대한 장기보유특별공제액은 다음과 같습니다.

일반적 장기보유특별공제율

보유 기간	3년~	4년~	5년~	6년~	7년~	8년~	9년~	10년~
공제율	6%	8%	10%	12%	14%	16%	18%	20%
보유 기간	11년~	12년~	13년~	14년~	15년~			
공제율	22%	24%	26%	28%	30%			

1세대 1주택 양도소득세 비과세는 주택가격(양도가액)이 12억 원 이하일 때에 적용합니다. 1세대 1주택이라도 12억 원을 초과하는 부분에 대해서는 양도소득세를 계산해서 부담해야 합니다. 이때에도

보유 기간과 거주기간에 따른 장기보유특별공제 (2년 이상 거주 시, 보유 기간 × 4% + 거주기간 × 4%, 10년 최대 80%)를 적용받을 수 있습니다. 다음과 같습니다.

1세대 1주택 장기보유특별공제율

구분		3년~	4년~	5년~	6년~	7년~	8년~	9년~	10년~
공제율	보유 기간	12%	16%	20%	24%	28%	32%	36%	40%
	거주기간	12%	16%	20%	24%	28%	32%	36%	40%
	합계	24%	32%	40%	48%	56%	64%	72%	80%

1세대 1주택자입니다. 보유기간이 3년 이상이고, 거주기간이 2년 이상 3년 미만이면 장기보유특별공제율은요?

다음과 같습니다.

'보유기간 3년: 12% + 거주기간 2년: 8% = 20%' 공제율이 적용됩니다.

참고로 장기보유특별공제를 산정할 때 보유 기간은 취득일부터 양도일까지로 합니다. 다만 상속받은 재산은 상속개시일부터 양도일까지로, 증여받은 재산은 증여등기일부터 양도일까지 보유 기간으로 장기보유특별공제를 적용합니다.

장기보유특별공제를 적용받지 못하는 경우는 어떻게 되나요?

다음과 같습니다.

> 미등기 양도주택, 다주택자가 조정대상지역에 있는 주택을 양도하는 경우, 국외에 있는 주택, 보유기간이 3년 미만인 주택, 조합원으로부터 취득한 조합원입주권을 양도하는 경우

양도소득세 중과에 주의하자

- 서울(강남)과 충주 (기준시가 3억 원 초과)에 집이 각각 1채씩 있는 경우 다주택자에 해당해서 중과세를 적용받게 되는데, 이때 어느 집을 팔아도 양도소득세 중과세 제도가 적용된다.

이 문장은 X입니다. 서울(강남)과 충주 (기준시가 3억 원 초과 가정)에 집이 각각 1채씩 있는 경우 다주택자에 해당하므로 중과세를 적용받게 되는데, 이때 서울 집을 팔 때만 중과세 제도가 적용됩니다. 충주 집은 조정대상지역에 해당하지 않기 때문입니다.

양도소득세는 주택이나 토지 등 부동산을 팔아 얻은 차익에 붙는 세금입니다. 그런데 집을 언제 샀는지, 그 당시에 조정대상지역이었는지, 집이 전부 몇 채인지 등에 따라 세금 액수가 천차만별로 달라집니다.

양도소득세 중과세는 두 가지 형태가 있습니다. 2주택 이상 다주택자가 조정대상지역의 주택(조합원입주권 포함)을 매각하면 기본세율 6~45%에다 20%(2주택)와 30%포인트(3주택 이상)씩 양도세율을 덧붙이는 게 첫 번째입니다. 또 양도소득세가 중과될 경우 아무리 오래 보유했어도 장기보유특별공제가 적용되지 않습니다.

다른 하나는 부동산을 단기 양도할 때 단일세율로 중과세하는 것입니다. 주택 수와 상관없이 2년 미만 보유하다 매각하면 60%, 1년 미만 보유하다 양도하면 70%의 세율이 적용됩니다. 분양권(당첨권)도 단일 세율(60·70%)로 중과세합니다.

다만 다주택자 중과세는 2025년 5월 9일까지 한시 배제돼 현재로선 다주택자가 조정대상지역인 서울 강남 아파트를 팔아도 기본세율(6~45%)로 과세합니다. 중과세 대상에서 제외되면 장기보유특별공제를 덤으로 받습니다.

다주택자 양도소득세 중과세 제도는 부동산 시장에서 상당히 중요한데, 이는 다음 표와 같이 과세하는 방식을 말합니다.

구분	세율	장기보유 특별공제
2주택 중과세	26~65%	적용하지 않음
3주택 중과세	36~75%	적용하지 않음

중과세 제도는 구체적으로 어떻게 적용하나요?

중과 여부를 판단할 때는 우선 개인이 아닌 1세대가 보유한 주택 수를 파악해야 합니다. 서울, 군 지역을 제외한 광역시, 읍면 지역을 제외한 경기와 세종 등은 가격과 상관없이 모든 주택이 주택 수에 포함됩니다. 그 밖의 기타지역은 공시가격 3억 원을 넘는 주택만 주택 수에 포함됩니다.

그리고 이렇게 하여 나온 주택 수가 2주택 이상이더라도 무조건 중과세를 적용하는 것이 아니라 서울 등 조정대상지역에 소재한 주택들이 위 제도를 적용받습니다. 예를 들어 서울(강남)과 충주 (기준시가 3억 원 초과 가정)에 집이 각각 1채씩 있는 경우 다주택자에 해당하므로 중과세를 적용받게 되는데, 이때 서울 집을 팔 때만 중과세 제도가 적용된다는 것입니다. 충주 집은 조정대상지역에 해당하지 않기 때문입니다.

이 정도만 알아도 절세 고수

임대소득세

모든 세금은 단 하나의 공식으로 계산됩니다. 바로 '과세표준 × 세율'입니다. 따라서 과세표준과 세율만 알면 모든 세금을 쉽게 구할 수 있습니다.

먼저 '과세표준(課稅標準, standards-based assessment, 이를 줄여서 '과표'라고 합니다)'이란 세금 산출의 기초가 되는 금액을 말합니다. 실무적으로 보면 세율은 이미 결정되어 있으나, 과세표준은 세금의 종류에 따라 계산하는 방법이 다릅니다. 따라서 세금을 줄이기 위해서는 이 과세표준을 정확히 이해할 필요가 있습니다.

원칙적으로 1주택자의 임대소득은 과세대상이 아닙니다. (다만, 그 주택이 기준시가 12억 원을 초과하는 고가주택이면서 월세를 받는다면 과세대상입니다.) 2주택 이상을 보유해 월세를 받고 연간 주택임대소득이 2천만 원 이하에 분리과세를 적용하고 있습니다.

주택임대를 하는 대부분 사람은 전업으로 하지 않고, 다른 일을 하면서 하는 경우가 많습니다. 따라서 종합과세가 되는 경우는 거의 드물고, 대부분 분리과세 방식으로 소득세 신고를 합니다. 과세표준은 다음과 같은 방식으로 구합니다.

● 과세표준(분리과세) = 수입금액 - 필요경비 - 공제금액

· 수입금액 (임대소득) - 주택을 임대하면서 발생한 수익으로 월세, 간주임대료, 관리비 수입 등을 말합니다. 이렇게 계산된 수입금액이 연간 2천만 원을 초과하면 종합과세, 2천만 원 이하이면 분리과세 됩니다.

· 임대소득금액 - 수입금액에서 필요경비를 차감한 금액입니다. 당연히 비용 차감 후 금액이므로 수입금액보다는 적습니다. 참고로 임대주택등록사업자에게는 필요경비가 60%, 미등록사업자에게는 50%를 차등 적용됩니다.

· 공제금액 - 등록사업자는 400만 원, 미등록사업자는 200만 원을 차감합니다.

만약 수입금액이 400만 원이고 미등록 주택임대사업자라면, 과세표준은 다음과 같이 계산됩니다.

· 과세표준 = 수입금액 400만 원 - 필요경비 200만 원(50%) - 공제금액 200만 원 = 0원

대한민국의 종합소득세 과세 방법은 모든 소득을 합해 누진세율(기본세율, 6~45%)을 적용하는 종합과세와 각각의 소득에 따라 일정

한 세율을 부과하는 분리과세(단일세율, 14%)로 나뉩니다.

직장을 다니며 추가로 발생하는 주택임대소득이 종합과세로 이뤄지면 최대 45%에 달하는 과세가 발생할 수 있으므로, 수입금액 2,000만 원 이하 저율의 분리과세를 적용받는 것은 큰 도움이 될 수 있습니다.

주택임대업, 사업장 현황신고 혼자 해도 될까?

• 주택임대업은 부가가치세가 면제되는 면세사업이라는 점에서 부가가치세 신고·납부는 하지 않아도 되지만, 사업장 현황신고의무가 있다.

이 문장은 O입니다. 부가가치세가 면제되는 주택임대업은 면세사업이어서 부가가치세 신고·납부의무는 없지만, 사업장 현황신고의무가 있습니다. 주택임대사업자는 해당 사업장의 현황을 해당 과세기간 (전년도 1월 1일~12월 31일)의 다음 연도 2월 10일까지 사업장 소재지 관할 세무서장에게 신고해야 합니다.

국세청으로부터 종합소득세 신고 관련 해명자료 제출 안내문을 받았습니다. 내용은 주택임대소득이 있는데, 종합소득세 신고를 안 했으니, 기한후신고·납부를 하라는 안내입니다. 2023년 귀속분이니 2024년 2월 면세사업장현황신고와 5월 종합소득세신고를 하지 않아서 나온 안내문 같습니다. 세무서는 이런 내용을 어떻게 아는 걸까요?

주택임대차 계약 신고제, 흔히 전월세 신고제라고 알고 있죠. 임대인과 임차인 중 1명이 주민센터에 신고하면 이 신고 내용이 국세청으로 넘어가는 것입니다.

또 임차인이 직장인이라면 연말정산 시 월세세액공제를 적용받을 수 있습니다. 이때 임대차계약서 내용을 바탕으로 임대인의 주민등록번호 또는 사업자번호가 반영되므로 국세청에서 임대인에 대한 정보를 수집할 수가 있습니다. 어쨌든, 자료가 나온 이상 계속 숨길 수만은 없습니다.

주택임대업은 부가가치세가 면제되는 면세사업이라는 점에서 부가가치세 신고·납부의무는 없지만, 사업장 현황신고의무가 있습니다.

주택임대 사업자 현황신고는 주택임대사업자로 등록하지 않아도 하는 편이 좋습니다. 꼭 해야 하는 의무사항은 아니지만, 5월 종합소득세 신고 시에 조금 더 빠른 신고, 납부를 위해 하는 과정이라 생각해도 좋을 것 같습니다. 주택임대사업자로 등록하지 않았더라도, 주택임대를 통한 소득이 발생했을 경우, 임대소득세 납부를 해야 하기 때문입니다.

주택임대사업자는 해당 사업장의 현황을 해당 과세기간 (전년도 1월 1일~12월 31일)의 다음 연도 2월 10일까지 사업장 소재지 관할 세무서장에게 신고해야 합니다.

사업장 현황신고 혼자 해도 되나요?

물론 가능합니다. 사업장 현황신고 방식은 다음과 같습니다.

1. 세무서방문
2. 홈택스 이용
3. 세무대리인 위임

위의 세 가지 방법 중 원하는 것을 선택해서 하면 됩니다. 혼자서 홈택스를 통해 신고하려면 다음 순서를 따라가면 됩니다. 사업장 현황신고는 어렵지 않아서 홈택스를 이용해 직접 사업장 현황신고를 해도 충분합니다.

홈택스를 통한 신고 경로

'신고/납부 → 일반신고 → 사업장 현황신고 → 사업장 현황신고서 작성하기 또는 파일변환 신고하기'

먼저 홈택스에 접속, 로그인합니다. (로그인 방법 : 공동인증서, 금융인증서, 간편인증, 아이디, 생체인증 등으로 가능합니다.) 그리고 다음과 같은 순서로 신고서를 제출하면 됩니다.

1. 기본정보 입력을 합니다. 여기서 무실적 사업자는 '무실적 신고'를 클릭하면 됩니다.
2. 수입금액 내역 (수입금액 검토표) 작성
3. 신고서 제출하기 클릭

사업장 현황신고서 작성사례

● 임대현황(가정: 3채 모두 비소형주택으로 간주임대료 총수입금액 산입대상임)

구분	A 주택	B 주택	C 주택
소재지	부산 ○구 ○○동 ○○-○○	부산 ○구 ○○동 ○○-○○	부산 ○구 ○○동 ○○-○○
임대기간	23.1.1~24.12.31.	22.7.1~24.6.30.	24.7.1~26.6.30.
보증금	2억 원	2억 5천만 원	3억 원
월세	60만 원	40만 원	20만 원

● 임대료 수입금액 (2024년 귀속)

● 월세 수입금액
- A 주택: 60만 원 × 12개월 = 720만 원
- B 주택: 40만 원 × 6개월 = 240만 원
- C 주택: 20만 원 × 6개월 = 120만 원

● 간주임대료 수입금액

구분	1.1~6.30	7.1~12.31	계
A주택 보증금	200,000,000원	200,000,000원	
B주택 보증금	250,000,000원	-	
C주택 보증금	-	300,000,000원	
보증금 등 합계	450,000,000원	500,000,000원	
(보증금-3억) 적수	27,150,000,000원 [(4.5억-3억)×181일]	36,800,000,000원 [(5억-3억)×184일]	
간주임대료	1,562,054원 (27,150,000,000원 × 0.6 ÷ 365 × 3.5%)	2,117,260원 (36,800,000,000원 × 0.6 ÷ 365 × 3.5%)	3,679,314원

모든 주택임대업자가 세금을 내지는 않는다

• 부부 합산 2주택자이다. 남편 명의 집에 거주하고, 아내 명의 집은 전세를 주고 있다면, 임대소득세 과세대상이다.

이 문장은 X입니다. 부부가 거주하는 한 채가 있고, 세를 주는 한 채가 있는 2주택자라면 과세 요건에 따라 월세를 주고 있을 때는 과세대상이고 전세로만 임대한다면 과세대상이 아닙니다.

타인에게 부동산을 임대하고 이를 통해 얻는 소득을 임대소득이라고 합니다. 대표적으로 상가와 주택을 생각할 수 있습니다. 상가임대소득은 무조건 과세하므로 사업자는 모두 관할 세무서에 신고하고 사업자등록을 해야 합니다. 이에 비교해 주택임대소득은 일정 요건이 되어야 과세대상이 됩니다. 그 이유는 우리의 주거환경과 직결되는 것으로, 일정 이하의 소득에 대해서는 과세를 하지 않기 때문입니다.

구체적으로 주택임대소득 과세 요건을 보면 월세 소득의 경우 1주택자는 비과세하고 2주택부터 과세합니다. 월세를 주는 한 채까지는 세금을 내지 않아도 된다는 이야기입니다. (다만 1주택자도 예외적으로 고가주택을 소유했다면 비록 집이 한 채라도 과세대상이 됩니다. 이때 고가주택의 기준은 기준시가 12억 원 초과 주택입니다.)

전세보증금을 받는 경우는 어떻게 되나요?

월세 소득에만 과세하면 전세보증금 소득과의 형평성이 맞지 않습니다. 그러므로 전세보증금에 의해 발생하는 수익을 임대료로 간주해 과세하는 간주임대료를 통해 과세하고 있습니다.

만약 전세로만 임대하고 있다면 2주택까지는 과세대상이 아니고, 3주택부터 다음처럼 간주임대료를 통해 세금을 적용합니다.

- 간주임대료 = (보증금 적수의 합 - 3억 원) × 60% × 정기예금이자율(2024년 기준 3.5%)

간주임대료는 부부 합산 3주택 이상이면 (전용면적 40㎡ 이하, 기준시가 2억 이하 소형주택 제외) 보증금 합계액 3억 원을 초과하는 금액의 60%에 대해 적정이자율(2024년 귀속 3.5%)을 적용해 계산합니다.

세금을 매기는 기준이 되는 주택 수를 계산하는 것이 중요합니다. 주택 수와 가격, 면적, 전세냐 월세냐에 따라 세금이 다르기 때문입니다.

먼저, 부부의 주택 수는 합산하되 자녀의 주택 수는 합산하지 않습니다. 따라서 남편과 아내가 각각 한 채씩 가지고 있다면 이 집은 2주택자가 되는 것입니다. 가령 부부가 거주하는 한 채가 있고, 세를 주는 한 채가 있는 경우라면 과세 요건에 따라 월세를 주고 있을 때는 과세대상이고 전세로만 임대한다면 비과세가 됩니다. 주택 수 판단은 부부 기준으로 하되 세금 계산 자체는 별개로 한다고 생각하면 됩니다.

세알못 주택임대소득 과세대상인지 판단할 때 주택 수는 소유주택 수인지, 아니면 임대주택 수인가요?

택스코디 주택임대소득 과세대상 여부는 본인과 배우자의 소유주택 모두를 합산해 판단합니다.

세알못 이사 등으로 일시적으로 2주택을 소유해도 과세하나요?

택스코디 2주택 소유 기간에 월세 임대수입은 소득세가 부과됩니다.

미혼인 본인이 소유한 주택 1채를 임대하고, 부모님 소유주택에서 거주하는 경우 임대소득세 과세대상인가요?

주택임대소득 과세대상 여부 판단 시 주택 수는 부부 합산하나 직계존비속이 소유한 주택 수는 포함하지 않습니다.

따라서 미혼인 본인이 주택 1채만 소유하고 있다면 임대소득세 과세대상에 해당하지 않으며, 기혼자도 본인과 배우자의 주택 수를 합산해 1채라면 과세대상이 아닙니다. 다만 본인 소유주택의 기준시가가 12억 원을 초과하고 월세 임대수입이 있다면 소득세가 부과되며, 국외주택을 소유하고 월세 임대수입이 발생하는 때에도 과세대상입니다.

세알못 부부 합산 4주택을 소유하고 있지만 3채는 주거전용면적이 40㎡ 이하이면서 기준시가가 2억 원 이하이고, 1채만 기준시가가 3억 원입니다. 4주택 모두 보증금만 받아도 임대소득세가 부과되나요?

2026년 12월 31일까지 소형주택(주거 전용 면적이 40㎡ 이하이면서 기준시가가 2억 원 이하)은 간주임대료 과세대상을 판단할 때 주택 수에 포함되지 않으므로 보증금 등에 대한 간주임대료가 부과되지 않습니다. 다만 소형주택도 월세 임대수입은 과세대상입니다.

분리과세를 이용해 절세하자

- 주택임대소득 2천만 원을 기준으로 그보다 많으면 종합과세대상이지만, 그보다 적으면 분리과세를 선택할 수 있다.

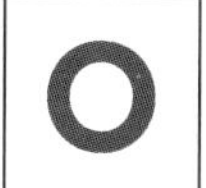

이 문장은 O입니다. 주택을 임대하면서 발생한 수익, 다시 말해 월세, 간주임대료 수입 등을 말합니다. 이 수입금액이 연간 2천만 원을 초과하면 종합과세하고, 2천만 원 이하이면 분리과세 (2018년까지는 비과세)가 가능합니다.

임대소득(수입금액)과 임대소득금액을 혼용해서 쓰는 때가 있습니다. 단어 하나 차이로 큰 금액의 세금의 부과될 수도 있는 만큼 정확한 용어를 쓰는 습관을 들이는 게 좋습니다.

• 수입금액 (임대소득) - 주택을 임대하면서 발생한 수익으로 월세, 간주임대료, 관리비 수입 등을 말합니다. 이렇게 계산된 수입금액이 연간 2천만 원을 초과하면 종합과세, 2천만 원 이하이면 분리과세(2018년까지는 비과세)됩니다.

• 임대소득금액 - 수입금액에서 비용을 차감한 금액입니다. 당연히 비용 차감 후 금액이므로 수입금액보다는 적습니다. 참고로 임대주택등록사업자에게는 필요경비가 60%, 미등록사업자에게는 50%를 차등 적용됩니다.

주택임대소득 과세체계를 이해하기 위해서는 먼저 임대소득 '수입금액'에 대해 이해할 필요가 있습니다. 전·월세 등 주택을 임대하면서 발생하는 수입을 의미합니다. 이 금액을 정확하게 계산할 필요가 있습니다. 아래 단계를 따라가 봅시다.

1. 먼저 보유하고 있는 부부 합산 주택 수를 계산해야 합니다.

2. 주택 수에 따른 수입금액 계산은 다음과 같습니다.

- 1채 - 비과세(기준시가 12억 원을 초과하는 고가주택은 월세에 대해 과세)
- 2채 - 월세만 과세
- 3채 이상 - 월세 + 간주임대료에 대해 과세

3. 위에서 계산된 수입금액을 바탕으로 2천만 원을 초과하면 종합과세, 2천만 원 이하이면 분리과세 됩니다.

분리과세란 무엇인가요?

분리과세는 다른 소득에 합산하지 않고 해당 소득에 대해서 독자적인 과세 체제로 과세하는 방식을 말합니다. 부동산 임대소득은 개인별로 연간 주택임대소득이 2천만 원 이하일 때 적용됩니다. 이때 다음 계산식과 같이 14%를 적용하여 과세합니다. (본인 선택에 따라 종합과세로 신고할 수도 있습니다.) 분리과세 하면 다른 소득과 합산하지 않으므로 과세표준이 낮아지므로 세율도 낮아지고, 세금 부담은 가벼워지게 됩니다.

- (수입금액 - 필요경비 - 공제금액) × 14%

이때 필요경비는 임대수입 중 60%(등록사업자) 또는 50%(미등록사업자) 상당액을 말하며, 공제금액은 등록사업자는 400만 원, 미등록사업자는 200만 원을 차감합니다. (만일 주택임대소득 외의 소득금액이 연간 2천만 원을 넘어가면 이 공제금액은 0원이 됩니다.)

주택 수가 3채입니다. 1채는 거주하고 있고 나머지 2채는 월세를 주고 있습니다. 한 달 동안 월세 수입은 150만 원입니다. 월세를 주고 있는 주택은 전용면적 40㎡ 이하, 기준시가 2억 원 이하 소형주택입니다. 수입금액 계산은 어떻게 하나요?

먼저 주택 수가 3채이므로 '월세 + 간주임대료'를 계산해야 합니다. 월세 수입이 한 달 150만 원이므로 연간 1,800만 원(150만 원 × 12개월)이 수입금액입니다. (참고로 월세를 주는 2채가 소형주택이므로 간주임대료 계산은 제외합니다.)

택스코디 작년에 결혼한 직장인입니다. 2년 전부터 보유하고 있던 기준시가 10억 원짜리 아파트에 신혼집을 차렸습니다. 그런데 배우자도 결혼 전부터 월세를 받고 있던 8억 원 아파트를 소유하고 있어서 2주택자가 됐습니다. 1주택자라면 8억 원 주택의 월세는 임대소득세가 비과세되지만, 2주택자는 소득세를 부과한다고 들었습니다. 임대 현황과 저와 배우자의 연봉은 다음과 같습니다.

- 배우자 집에서 발생한 임대소득: 보증금 1억 원, 월세 165만 원
- 연봉: 원천징수영수증 기준 배우자 - 7,800만 원

세알못 씨 부부는 결혼 전에는 세금을 내지 않아도 됐지만, 부부 합산 2주택이므로 월세 수입에 대해서는 세금을 내야 합니다.

임대소득 수입금액이 1,980만 원(165만 원 × 12개월)이므로 종합과세를 할지 분리과세를 할지 판단해야 합니다. 배우자의 연봉이 7,800만 원이면 근로소득공제를 하고 난 뒤 근로소득 금액은 6,435만 원입니다. 이 경우 배우자가 임대소득을 종합과세로 할 때 적용될 소득세율 구간은 24%입니다. 분

리과세 세율 14%보다 높아 분리과세로 신고하는 것이 유리합니다.

세알못 월세 수입은 전혀 없고 오로지 전세만 놓았을 때, 보증금 합계가 얼마를 넘지 않아야 분리과세 대상인가요?

택스코디 다시 말해 간주임대료가 2천만 원을 넘지 않으려면 보증금 합계액이 얼마까지로 책정하면 될까를 물어보는 질문입니다. 간주임대료 계산 공식을 뒤집으면 답이 나옵니다. (정기예금이자율 3.5%라고 가정)

- 전세보증금 합계액 = [2천만 원 / (60% × 정기예금이자율 3.5%)] + 3억 원 ≒ 약 12억 5,238만 원

전세보증금 합계액이 약 12억 5,238만 원 이하이면 간주임대료가 2천만 원 이하가 되어 분리과세 신고가 가능합니다. 그러므로 전세를 한 두 채 놓았다고 벌써 간주임대료부터 걱정할 필요는 없어 보입니다. 물론 월세 수입이 있다면 위의 공식에 2천만 원이 아니라 2천만 원에서 월세 수입을 뺀 금액을 대입해야 합니다.

수입금액 2,400만 원이 넘어가면 장부를 꼭 쓰자

- 주택임대사업자가 직전연도 수입금액이 2,400만 원을 초과해도 추계신고 단순경비율 추계신고가 가능하다.

이 문장은 X입니다. 주택임대사업자로서 단순경비율에 따라 신고할 수 있는 사업자는 직전연도 수입금액이 2,400만 원에 미달하는 경우입니다. 만약 수입금액이 2,400만 원을 초과하고 7,500만 원에 미달하는 경우라면 기준경비율에 의해서만 추계신고가 가능합니다.

소득세법에서는 개인의 소득을 총 8가지로 구분하여, 그중 이자, 배당, 근로, 사업, 연금, 기타소득의 6가지 항목은 종합과세하고, 나머지 퇴직소득과 양도소득은 별도의 계산으로 분류과세 됩니다. 종합과세 계산 구조는 다음 표와 같습니다.

구분	내용	비고
소득금액	종합소득금액	이자소득 등 합산
- 소득공제	종합소득공제	기본공제, 추가공제 등
× 세율	기본세율 (6 ~ 45%)	산출세액 결정
- 세액공제, 세액감면	기장세액공제, 특별세액공제 등	납부세액 결정

주택임대사업자입니다. 수입금액이 2천만 원이 넘어가면 종합과세한다고 알고 있습니다. 무엇이 유리한 신고방법인지 헷갈립니다.

다음과 같은 경로로 자가진단을 해보면 좋습니다.

<table>
<tr><td colspan="4">지난해 신규사업자다.</td></tr>
<tr><td colspan="2">Yes</td><td colspan="2">No</td></tr>
<tr><td colspan="2">지난해 수입금액이
7,500만 원 미만이다.</td><td colspan="2">직전연도(제작년) 수입금액이
2,400만 원 미만이고,
지난해 수입금액이 7,500만 원 미만이다.</td></tr>
<tr><td>Yes</td><td>No</td><td>Yes</td><td>No</td></tr>
<tr><td>단순경비율
적용대상자</td><td>기준경비율
적용대상자</td><td>단순경비율
적용대상자</td><td>기준경비율
적용대상자</td></tr>
</table>

예를 들어 '주택임대소득이 연 2,400만 원이고, 추계신고 단순경

비율 45.3% 적용대상이고, 소득공제액이 300만 원, 세액공제는 없다'라고 가정해 봅시다. 그럼 다음과 같은 방법으로 종합소득세 계산이 가능합니다.

- 연간 임대소득: 2,400만 원 (수입금액)

- 임대소득금액 = 수입금액 - 필요경비 (수입금액 × 단순경비율) = 2,400만 원 - (2,400만 원 × 45.3%) = 13,128,000원

- 과세표준 = 임대소득금액 - 소득공제액 = 13,128,000원 - 3백만 원 = 10,128,000원

- 산출세액 = 과세표준 × 세율 (6 ~ 45%, 누진세율) = 10,128,000 × 6% = 607,680원

위 계산법을 보면 연간 월세 임대소득에서 세율을 바로 적용하는 것이 아니라, 수입금액에서 필요경비, 소득공제액을 차감한 과세표준에서 세율을 곱하기에 다른 소득이 없고 임대소득만 있는 경우에는 세금 부담은 크지 않은 것을 알 수 있습니다.

그러나 주택임대소득 외에 다른 소득이 있다면, 모든 소득을 합산하여 세금이 결정되므로 세금 부담이 커질 수 있습니다. 그 이유는 소득세는 다음과 같이 누진세율을 적용하기 때문입니다.

과세표준	세율	누진공제액
1,400만 원 이하	6%	
1,400만 원~5,000만 원 이하	15%	126만 원
5,000만 원~8,800만 원 이하	24%	576만 원
8,800만 원~1억 5천만 원 이하	35%	1,544만 원
1억 5천만 원~3억 원 이하	38%	1,994만 원
3억 원~5억 원 이하	40%	2,594만 원
5억 원~10억 원 이하	42%	3,594만 원
10억 원 초과	45%	6,594만 원

추계신고 적용대상은 어떻게 정하나요?

주택임대사업자로서 단순경비율에 따라 신고할 수 있는 사업자는 직전연도 수입금액이 2,400만 원에 미달하는 경우입니다. 만약 수입금액이 2,400만 원을 초과하고 7,500만 원에 미달하는 경우라면 기준경비율에 의해서만 추계신고가 가능합니다. 추계신고에 따른 소득금액 계산은 다음과 같습니다.

〈 단순경비율에 따른 추계신고 〉

- 소득금액 = 수입금액 - 수입금액 × 단순경비율

〈 기준경비율에 따른 추계신고 소득금액 Min(1, 2) 〉

1. 수입금액 - 주요경비 - (수입금액 × 기준경비율)

2. (수입금액 - 수입금액 × 단순경비율) × 배수 (간편장부대상자는 2.8배, 복식부기의무자는 3.4배)

이때 주요경비에 포함되는 항목으로는 첫째, 매입비용과 임차료로 증빙서류를 통해 입증 가능한 금액이 포함됩니다. 다만, 부동산임대업의 경우 사업용 유형자산의 매입금액은 매입비용에 포함되지 않습니다. 즉 아파트를 매수하여 주택을 임대하는 경우 아파트를 매입한 금액은 임대하고 있는 기간 중 비용에 반영되지 않습니다.

둘째, 종업원의 급여와 임금 및 퇴직급여로 증빙서류에 의해 지급하였거나 지급할 금액을 주요경비에 반영 가능합니다. 그러나 일반적으로 부동산임대업의 경우 본인이 직접 수행하고 별도 종업원을 고용하고 있지 않으므로 해당 경비도 거의 발생하지 않게 됩니다.

정리하면 부동산임대업의 경우 기준경비율로 계산할 때에는 주요경비에 반영할 항목이 거의 없다고 보면 됩니다. 따라서 수입금액이 2,400만 원을 초과하고 7,500만 원에 미달하는 경우라면 간편장부를 작성해 신고하는 것이 유리합니다.

권말부록

이 정도만 알아도 절세 고수

부동산 세금 상식 사전

조정대상지역 지정 여부에 따라 세금, 이렇게 바뀐다

정부가 발표하는 부동산 정책 변화에 신경 써야 합니다. 아는 만큼 보인다고 정부가 부동산 수요를 억제하기 위해 마련한 조정대상지역·투기과열지구나 투기지역 지정, 실거래가 신고제도, 중과세 정책 등은 부동산에 참여하는 사람들에게 아주 중대한 변화를 줄 수 있습니다. 물론 지금처럼 수요를 살리기 위해서 앞과 같은 규제들을 완화하기도 합니다. 조정대상지역 다주택자 양도소득세 중과제도를 2025년 5월 9일까지 한시적으로 유예하는 것이 대표적입니다.

조정대상지역 여부에 따라 세금이 많이 달라진다고 하는데, 조정대상지역으로 지정되거나 해제될 때, 구체적으로 어떻게 바뀌는 건가요?

조정대상지역 주택은 비조정대상지역 주택과 비교해 취득

세, 종합부동산세, 양도소득세에서 모두 세금이 중과되는 특징이 있습니다. 조정대상지역으로 지정되거나 해제되는 경우, 세제 변화를 정리하면 다음과 같습니다.

1. 조정대상지역 지정 시
- 1주택자가 조정대상지역 주택 취득 시 중과세율 적용
- 1세대 1주택 비과세 요건 중 거주요건이 적용
- 다주택자에 대한 양도세 중과세 적용
 (2025년 5월 9일까지 한시적으로 유예)
- 신규 취득자에 대한 임대 세제 지원 중단
- 대출 규제 강화

2. 조정대상지역 해제 시
- 보유 주택 수가 3주택 이상이 되는 시점부터 취득세 중과세율 적용
- 1세대 1주택 비과세 요건 중 거주요건이 적용되지 않음
- 다주택자에 대한 양도세 중과세 적용되지 않음
- 신규 취득자에 대한 임대 세제 지원
- 대출 규제가 풀림

구체적으로 살펴보면 종전 주택이 조정대상지역에 있더라도 신규 취득하는 주택이 비조정대상지역이라면 일반취득세율(1~3%)이 적용됩니다. 다만 1주택자가 추가로 조정대상지역 주택을 취득하거나, 보유 주택 수가 3주택 이상이 되는 시점부터는 취득세 중과세율

을 적용받습니다.

그리고 조정대상지역 공시지가 3억 원 이상의 주택을 증여받으면, 12% 증여취득세율이 적용됩니다. 다음 표를 참고합시다.

증여취득세율

구분	취득세	농어촌특별세	지방교육세	합계세율
비조정대상지역	3.5%	0.2%	0.3%	4.0%
조정대상지역 (공시자가 3억 원 이상 주택)	12%	1.0%	0.4%	13.4%

• 농어촌특별세는 전용면적 85㎡ 초과만 해당

그리고 2023년부터 증여취득에 대한 취득세 과세표준이 바뀌었습니다. 종전에는 증여취득세 과세표준이 공시가격 기준이었지만, 2023년 1월 1일부터는 시가인정액이라는 것을 사용하도록 바뀌었습니다. 시가인정액이란 취득일 전 6개월부터 취득일 후 3개월 사이의 매매사례가액이나 감정가액, 공매가액 같은 것이 있을 때, 이것을 시가로 본다는 말입니다.

예를 들어 시세로 10억 원이며 공시가격이 7억 원인 아파트를 증여하는 경우 2022년까지는 7억 원에 증여취득세율을 곱했지만, 2023년부터는 10억 원에 증여취득세율을 곱해 취득세 부담이 커졌습니다.

또 조정대상지역에 소재한 주택을 취득하면 자금조달계획서를 계약서 작성 후 30일 이내에 제출해야 합니다. 하지만 조정대상지역에서 해제된 주택을 취득할 땐, 취득가액이 6억 원 미만이면 자금조달계획서를 제출하지 않아도 됩니다.

양도소득세는 기본적으로 양도 시점을 기준으로 판단합니다. 하지만 1세대 1주택 비과세를 적용하기 위한 기준은 취득 당시 조정대상지역인지 아닌지가 중요합니다. 조정대상지역의 1세대 1주택 양도소득세 비과세 판정 시 2년 거주요건이 있습니다, 조정대상지역 해제 이후에 취득한 1세대 1주택 비과세 판정 시에는 2년 거주요건이 적용되지 않습니다. 단, 조정대상지역이었던 시점에 취득한 후 조정대상지역에서 해제되었다고 하여 2년 거주요건이 제외되지 않는다는 점은 주의해야 합니다.

또 다주택자가 조정대상지역 주택을 양도하면 양도소득세가 중과되고 장기보유특별공제를 적용받을 수 없습니다. 다만 2025년 5월 9일까지 양도하는 주택은 한시적으로 다주택자 양도소득세 중과 규정이 적용되지 않습니다.

2018년 9월 14일 이후에는 조정대상지역 주택을 취득해 장기임대주택 요건을 갖춰 임대사업자등록을 해도 종합부동산세 합산배제 혜택을 받을 수 없게 됐습니다. 다만 여전히 비조정대상지역 주택은 장기임대주택 요건을 갖춰 주택임대사업자로 등록(아파트는 등록 불가)하면 종합부동산세 합산배제 등의 혜택을 받을 수 있습니다.

단독명의보다 공동명의가 유리하다?

세알못 전세 사기 등을 우려해 대출을 안고서라도 작은 아파트라도 사려고 합니다. 단독명의가 나은지, 공동명의가 나은지 고민입니다.

택스코디 부동산 공동명의가 보통 절세에 유리하다는 것은 널리 알려져 있습니다. 하지만 모든 경우에 그런 것은 아닙니다.

부동산을 부부 공동명의로 하면 절세 혜택을 볼 수 있는 이유는 현행 세법이 대부분 초과누진세율제도를 적용하고 있어서입니다. 과세표준이 클수록 높은 세율을 적용하는 임대소득세나 양도소득세는 소득이 분산되면 세금이 줄어듭니다. 따라서 공동명의를 이용해 과세표준을 낮추면 절세 효과가 생깁니다. 예를 들어 집을 임대 (또는 양도)해 발생한 소득이 2천만 원이라고 합시다. 이를 한 사람이 과세

받는 것을 기준으로 하면 2,000만 원 중 1,400만 원까지는 6%, 나머지 600만 원은 15%가 적용됩니다. 따라서 단독명의 시 소득세는 174만 원 (84만 원 + 90만 원)입니다. 그런데 이 소득을 부부 공동명의로 두 사람이 똑같이 나눠 가지면 세금은 120만 원 (1,000만 원 × 6% × 2명)이 되어 54만 원 세금이 줄어들게 됩니다.

그런데 부부가 1세대 1주택자라면 일반적으로 이런 효과가 발생하지 않습니다. 다음 표를 참고합시다.

구분	단독명의	공동명의
취득세	취득가액 × 1% (최대 3%)	좌동
재산세	법정산식에 따라 부과	좌동
임대소득세	해당 사항 없음(단, 고가주택 월세 수익은 과세)	좌동
양도소득세	비과세	좌동

위 표를 보면 1주택을 보유한 상황에서는 단독명의나 공동명의나 과세 내용은 같습니다. 따라서 이런 상황에서는 공동명의를 했더라도 실익은 없습니다. 다만 주택을 처분할 때 12억 원이 넘는 고가주택에 해당하면 공동명의가 다소 유리할 수 있습니다. 예를 들어 처분할 때 양도가액이 13억 원이고 과세표준을 계산하니 2천만 원이 되었다면 앞에서 본 것처럼 소득 분산이 이뤄지므로 공동명의가 다소 유리할 수 있습니다.

부동산을 취득하면 제일 먼저 내는 세금이 취득세입니다. 이때 부과하는 취득세는 물건별 과세하므로 위 표에서처럼 단독명의와 공동명의의 차이는 없습니다. 그리고 재산세 역시 물건별 과세하므로 명의와 상관없이 부과되는 세금은 같습니다.

종합부동산세는 취득세와 재산세와 달리 인별로 과세합니다. 양도소득세와 다르게 공동으로 소유한 경우, 각자가 그 주택을 소유한 것으로 봅니다. 1주택을 부부 공동명의로 취득하면 종합부동산세에서는 1세대 2주택이 됩니다. 부부 공동명의는 1세대 2주택자로서 소유자별로 9억 원씩 18억 원을 공제할 수 있습니다. (단, 연령별 공제와 보유기간별 공제는 적용할 수 없습니다.) 따라서 부부 공동명의라면 공시지가 18억 원까지는 종합부동산세가 발생하지 않아 공동명의가 유리할 수 있습니다.

그럼 1세대가 2주택 이상을 보유하면 공동명의가 유리한가요?

그럴 가능성이 큽니다. 2주택 이상일 때는 임대소득세 그리고 양도소득세는 공동명의가 유리할 수 있습니다. 이들의 세금은 각 개인이 보유한 재산이나 각자가 벌어들인 소득별로 부과되기 때문입니다.

임대사업자, 거주주택 비과세를 활용해 절세하자

세알못 2주택자입니다. 두 주택 모두 취득한 지 10년이 지났습니다. 시세차익이 큰 주택 한 채를 팔고 싶은데, 세금 없이 팔 수 있는 좋은 방법이 있을까요?

택스코디 1세대 1주택이면 양도소득세 비과세가 가능합니다. 다만 2주택이더라도 1주택을 임대주택으로 등록하면 주택 수에서 제외될 수 있습니다. 거주주택 비과세 특례 규정을 잘 활용하면 다주택자도 1세대 1주택가 가능하다는 말입니다.

세알못 거주주택 비과세를 적용받기 위한 조건은 어떻게 되나요?

거주주택 비과세 특례제도는 임대주택 공급 확대를 위해 2011년부터 도입된 것으로 시간이 지날수록 비과세 요건이

점차 엄격해졌습니다. 거주주택 비과세 요건은 다음과 같습니다.

1. 임대주택 요건

지자체 임대사업자등록 및 세무서 사업자등록을 모두 해야 합니다. 주택을 임대해 소득이 생기면 주택임대소득 신고 및 납부의무가 발생합니다. 이를 위해 세무서에 주택임대사업자등록을 해야 하며, 등록하지 않으면 수입금액의 2%를 가산세로 내야 합니다.

그리고 지자체에 하는 임대주택등록은 의무사항이 아닌 선택사항입니다. 하지만 임대주택으로 등록하면 취득세, 재산세 감면 및 양도소득세 장기보유특별공제 혜택 등을 볼 수 있습니다. 다만 임대요건을 충족하지 못하면 (의무임대기간 내 매각 등) 감면세액 추징 및 최대 3천만 원의 과태료가 부과될 수 있습니다.

임대개시일 당시 기준시가 6억 원 (수도권 밖은 3억 원) 이하라야 합니다. 기준시가 요건은 최초 등록할 때만 충족하면 되고, 등록 이후 기준시가가 기준금액을 초과해도 임대주택으로 인정됩니다. 참고로 기준시가가 6억 원이 넘는 주택도 지자체에 임대주택으로 등록은 가능하지만, 거주주택 비과세 혜택은 받을 수 없습니다.

그리고 임대보증금 또는 임대료 증가율이 5% 이하 (2019년 2월 12일 이후 계약분부터)여야 합니다.

또 임대사업자등록 후 의무임대기간을 충족해야 거주주택 비과세 등의 혜택을 받을 수 있습니다. 의무임대기간은 임대주택 등록 시기에 따라 다르게 적용됩니다. 다음 표를 참고합시다.

구분	~2020년 7월 10일	2020년 7월 11일 ~2020년 8월 17일	2020년 8월18일 이후
의무임대기간	5년	8년	10년
지자체등록	단기/장기일반	장기일반	장기일반
기준시가	임대개시일 당시 6억 원 (비수도권 3억 원)		
임대료 상한	5% 이하 (2019년 2월 12일 이후 계약분부터)		

2. 거주주택 요건

거주주택 비과세를 적용받으려면 조정대상지역 여부와 상관없이 2년 이상 거주한 주택이어야 합니다. 이때 거주기간은 양도 시점이 아니라 전체 보유 기간 중 거주기간으로 판단하므로 양도 시점에 거주하지 않아도 총 보유 기간 중 2년 이상 거주했다면 비과세 적용이 가능합니다. 그리고 거주주택 비과세 요건 상의 거주기간은 임대사업자등록 이전에 거주했던 기간도 포함합니다. 하지만 임대등록했던 주택을 의무임대기간 종료 후 거주주택으로 전환한 경우에는 등록 이전의 거주기간을 반영하지 않습니다.

의무임대기간을 채우기 전에 거주하는 주택을 먼저 팔아도 거주주택 비과세 특례를 받을 수 있나요?

비과세 적용이 가능합니다. 거주주택 양도 이후 의무임대기간을 채워도 됩니다. 단 비과세 적용 후 의무임대기간 요건을 충족하지 못하면 임대하지 않은 기간이 6개월을 지난 경우 비과세 적용받은 세금을 추징합니다. 참고로 2020년 8월 18

일 이후 아파트는 임대사업자등록이 불가합니다.

여기서 잠깐! 2019년 2월 12일부터 거주주택 비과세는 평생 1회밖에 적용받을 수 없습니다. 예를 들어 B 주택을 임대등록한 거주자가 A 주택을 팔고 C 주택으로 이사를 가면 A 주택에 대해서는 비과세 특례가 적용되지만, 이어서 C 주택 → D 주택으로 갈아탈 때, C 주택의 양도차익에 대해 과세한다는 것입니다.

그리고 2주택자가 거주주택을 먼저 매도해 양도소득세 비과세를 적용받은 후 남은 장기임대주택을 의무임대기간 종료 후 비과세 요건을 갖춰 양도하더라도, 이때는 전체 비과세가 아닌 직전거주주택 양도일 이후 발생한 양도차익에 대해서만 비과세합니다.

장기임대주택 (양도차익 3억 원)과 거주주택 (양도차익 1억 원)을 보유하고 있습니다. 지금 사는 집은 현재 양도차익이 1억 원밖에 되지 않았습니다. 이때 거주하는 집을 과세로 팔고, 양도차익이 더 많은 임대주택을 비과세로 팔 수도 있나요?

거주주택 비과세는 선택사항이 아닙니다. 비과세 요건을 갖춘 거주주택을 과세로 양도하고, 장기임대주택을 1주택 상태에서 양도했을 때, 장기임대주택 전체 양도차익이 아닌 거주주택 양도일 이후 발생한 양도차익에 대해서만 비과세 적용이 가능합니다.

대체주택 특례, 이것 주의하자

취득과 양도 순서까지 신경 써야 하는 분양권과 비교해 조합원입주권은 양도소득세 비과세 특례가 훨씬 범위가 넓습니다. 심지어 일반적인 일시적 2주택인 경우보다도 비과세 폭이 큽니다. 이사를 위한 일시적 2주택 비과세 특례는 신규주택과 종전 주택 가운데 먼저 취득한 종전 주택을 매도해야 비과세의 기본적 요건이 충족되지만 '1주택 + 1입주권'인 상태에서 주택을 매각할 때는 다른 특례가 적용됩니다.

'일시적 1주택 + 1입주권 양도세 특례'는 매각하는 주택이 조합원입주권 취득 시기보다 앞서도, 늦어도 상관없이 비과세되는 특징이 있습니다. 다시 말해 1입주권을 보유한 원조합원이 재개발·재건축 과정에서 공사 과정에 살 집(신규주택)을 취득하고 이 주택을 팔아도 비과세된다는 것입니다. 이를 대체주택 비과세 특례라고 합니다. 반대로 주택을 보유한 상태에서 입주권을 취득한 뒤 주택을 팔아도 비과세될 수 있습니다.

조합원입주권을 보유한 상태에서 예전의 주택을 팔 때 적용되는 비과세 제도는 소득세법 시행령 156조2에 규정돼 있습니다. 시행령에 따르면 국내에 1주택을 소유한 1세대가 해당 주택을 양도하기 전에 조합원입주권을 취득해 일시적 2주택인 경우에는 일정한 조건을 충족하면 비과세 혜택을 받을 수 있습니다.

여기서 말하는 일정한 조건은 어떻게 되나요?

주택 매입 후 1년 지나서 분양권을 취득해야 하고, 분양권 취득 후 3년 이내에 주택을 처분하면 비과세 요건에 해당합니다. 당연히 종전 주택은 1세대 1주택 비과세 요건(2년 거주·12억 원 이하)을 충족해야 합니다. 이런 특례 규정은 '1주택 + 1분양권' 일시적 2주택 비과세 요건과 같습니다.

또 승계조합원도 종전 주택을 매각할 경우 비과세 혜택을 받을 수 있습니다. 승계조합원의 비과세 혜택이 배제되는 경우는 해당 조합원입주권을 양도할 때 적용됩니다.

입주권으로 취득한 주택이 채 완공되지 않는다면 주택 완공 후 3년까지로 처분 시한을 연장해주는 특례도 있습니다. '3년 + 3년 처분 특례'는 분양권으로 취득한 주택이 완성된 후 3년 이내 해당 주택에 세대원 전원이 이사해야 하고, 최소 1년 이상 '계속' 거주해야 하며, 주택 완공 후 3년 이내에 종전 주택을 처분해야 비로소 일시적 2주택 비과세가 적용됩니다. 이런 처분 특례 역시 '1주택 + 1분양권' 일시적 2주택 비과세 특례와 같습니다.

분양권 비과세 특례는 주택을 먼저 취득하고, 분양권을 나중에 취득하는 때에만 적용되지만, '1주택 + 1입주권'의 경우 주택을 먼저 취득하든, 반대로 입주권을 먼저 취득하든 주택을 팔 때 비과세를 적용받는 데는 아무런 상관이 없습니다. 대체주택 특례가 있기 때문입니다.

대체주택이란 무엇을 말하는 건가요?

세법상 대체주택이란 1주택자가 해당 집이 재건축이나 재개발을 하는 동안 거주하기 위해 취득한 신규주택을 말합니다. 일시적 2주택 지위를 유지할 수 있어 2주택 모두 비과세 혜택을 누릴 수 있습니다. 이 특례는 다음 4가지 요건을 모두 충족해야 합니다.

1. 재건축 또는 재개발을 추진하는 종전 주택은 관리처분계획인가일 이전에 취득
2. 사업시행인가일 이후 대체주택을 취득해 해당 주택에 1년 이상 거주
3. 재건축·재개발 아파트 준공 후 3년 이내에 세대원 전원이 해당 신규주택에 입주해 1년 이상 거주
4. 대체주택은 새 아파트 준공 후 3년 내 처분

대체주택은 1주택 비과세 요건인 2년 보유 및 2년 거주기간에 상관없습니다. 주의할 건 원조합원이 아닌 관리처분계획인가일 이후 입주권을 취득한 승계조합원은 대체주택 특례가 적용되지 않는다는 사실입니다. 1번 요건이 바로 원조합원만 특례를 부여한다는 의미입니다.

또 여기서 말하는 1주택의 기준은 그동안 사업시행계획인가일을 기산점으로 여겨져 왔지만, 기획재정부 유권해석(2023년 10월 23일)에 따라 대체주택을 취득할 때 1주택이면 비과세 혜택을 받을 수 있습니다. 이에 따라 일시적 2주택자라면 재개발·재건축 사업이 추진되지 않는 주택을 팔고(종전 주택 비과세) 대체주택을 취득하면 세금 폭탄을 피할 수 있습니다. 이는 사실상 일시적 2주택 비과세와 대체주택 비과세를 중첩 적용하는 것이나 다름없습니다.

2번 요건은 세테크 차원에서 주목할 만합니다. '사업시행인가일' 이후 대체주택을 취득해 1년 이상 거주할 것'이라는 요건을 뜯어보면, 재건축 아파트가 완공되기 이전과 이후 상관없이 대체주택에 무조건 1년 이상만 거주하면 된다는 의미입니다. 재건축· 재개발 사업이 사업시행인가일로부터 관리처분인가 → 철거 및 착공 → 완공까지 최소 4~5년 이상 상당한 시일이 걸리는 것을 고려하면 대체주택 취득은 재테크 차원에서도 유리합니다.

실제 사례로 강동구 둔촌주공 재건축사업(올림픽파크포레온)은 2015년 7월 사업시행인가를 받은 지 9년이 지난 2024년 말부터 2025년 3월 31일까지 순차적으로 입주할 예정입니다. 이 경우 올림픽파크포레온이 완공된 후 3년까지, 총 13년 동안 대체주택 특례 자격을 유지할 수 있는 것입니다. 이에 따라 전세를 끼고 '갭투자'로 대체주택을 취득하고 최소 1년 거주요건만 충족하면 비과세 혜택을 받을 수 있습니다.

세알못 2021년 12월 아파트 조합원입주권을 매입했고, 2022년 4월 A 주택을 매입했습니다. 약 2년간 A 주택에 거주하다 2024년 3월에 팔면서 양도소득세를 최소화하기 위해 '대체주택 특례'를 신고했습니다. 그런데 양도소득세로 1억 원 가까이 내야 했습니다. 뭐가 잘못된 걸까요?

택스코디 다시 말하지만, 대체주택 특례는 1주택자가 재개발·재건축 사업 기간에 거주 목적으로 취득한 대체주택을 다시 양도할 때 적용하는 비과세 제도를 말합니다. 과세당국이 세알못 씨의 신청을 받아주지 않은 이유는 관리처분계획인가일이 지난 시점에서 조합원입주권을 '승계취득'한 게 문제 된 것입니다. 정리하면 조합원입주권을 먼저 승계취득하고 다른 주택을 나중에 취득하는 경우, 조합원입주권으로 취득한 주택과 나머지 주택 중 먼저 양도하는 주택은 비과세를 적용받을 수 없다는 점에 주의해야 합니다.

무허가 옥탑방 양도 전 철거해야 하는 이유는?

공동주택인 다세대주택과 단독주택인 다가구주택은 겉으로 보기엔 비슷해 보입니다. 하지만 건축법상 엄연히 구분돼 있고, 양도소득세 과세 여부를 판정할 때 큰 차이가 있습니다. 다가구주택은 1세대 1주택 비과세 특례를 적용받을 수가 있지만, 다세대주택이라면 다주택 중과세 세금폭탄을 맞을 수도 있습니다. 또 종합부동산세는 세금을 부담하는 1주택 특례 기준가격이 12억 원이지만 2주택 이상(다세대주택)의 경우 9억 원이므로 보유세도 큰 차이가 있습니다.

그럼 건축법상 다가구주택과 다세대주택은 어떻게 다른가요?

건축법상 다가구주택의 요건은 19세대 이하이고 바닥면적이 660㎡ 이하면서 주택으로 쓰는 층수가 3개 층 이하입니다. 이때 지하층은 층수에서 제외됩니다

그리고 주변에서 쉽게 볼 수 있는 빌라가 대표적인 다세대주택입니다. 여러 세대가 살 수 있도록 건축된 건물로, 다세대주택으로 허가를 받아야 합니다. 대지면적 기준은 660㎡ 이하로 다가구주택과 같지만, 층수 기준은 '4층 이하'라는 차이가 있습니다. 그리고 다가구주택과 다르게 호별로 구분등기가 되어있어, 각각을 하나의 주택으로 보아 단독주택이 아닌 공동주택으로 봅니다.

세알못 5층짜리 다가구주택입니다. 건축물대장 상 1~2층은 상가, 3~5층은 주택으로 건축했습니다. 하지만 2층 근린생활시설 일부를 주택으로 임대하고 있습니다. 이럴 경우에는 어떻게 되나요?

세법상 주택 여부는 실제 사용 용도에 따라 판단합니다. 건축 당시에는 다가구주택을 지었더라도 사용 도중에 일부 증축을 하거나, 처음 건축물대장 상 용도와 다르게 사용하면 다세대주택으로 판정될 때가 있습니다.
따라서 2층 일부를 주택으로 임대했다면, 주택으로 사용한 층수는 4개가 되어 다세대주택으로 판정합니다.

2019년 옥탑방 쇼크는 3층짜리 다가구주택에 기준면적을 초과해 지은 옥탑방을 과세당국이 세법상 주택 층수로 간주하면서 발생했습니다. 구체적으로 건축법상 옥탑방이 건물 전체의 바닥면적 대비 건축면적의 8분의 1을 초과할 때 1개 층으로 봅니다. 다시 말해 건물 바닥면적이 600㎡인 3층짜리 다가구주택의 옥상에 75㎡를 초과하는 옥탑방을 만들면 4개 층이 되어 다세대주택으로 간주합니다. 이렇게 옥탑방 하나 차이로 다가구주택이 다세대주택으로 바뀌어 양도소득세 비과세 적용을 받지 못할 수 있습니다. 따라서 무허가 옥탑방은 양도 전 철거(멸실)하는 게 가장 깔끔합니다.

다시 말하지만, 건축물관리 대장에 다가구주택으로 분류돼 있다고 해서 안심하면 안 됩니다. 과세당국은 공부(公簿)와 무관하게 실질과세 원칙을 적용합니다. 다만 옥탑에 단순한 창고 시설(기준면적 이내)이거나 화장실과 난방·수도 같이 주거용 시설이 설치돼 있지 않고 실질적으로 주거용으로 사용할 수 없다면 주택의 층수로 보지 않습니다.

세법상 다가구주택은 원칙적으로 한 가구가 독립해 거주할 수 있도록 구획된 부분을 각각 하나의 주택(공동주택)으로 보지만, 구획된 부분별로 양도하지 않고 '하나의 매매 단위'로 양도하는 경우에는 건물 전체를 하나의 주택(단독주택)으로 간주합니다. 다시 말해 다른 주택 없는 상태에서 다가구주택을 통째 매각하면 1주택 비과세 특례가 적용됩니다.

3층짜리 다가구주택입니다. 저의 지분 30%만 양도하면, 비과세를 적용받을 수 있나요?

건축법상 다가구주택이면서 분할하지 않고 '하나의 매매 단위로 매각하면 1세대 1주택으로 양도소득세 비과세를 적용받을 수 있다'라고 했습니다. 과거에는 '한 사람에게 양도하거나 한 사람으로부터 취득한 경우'로 좁게 해석하다 2007년

이후 매도·매수자가 복수인지 여부와 상관없이 거래 단위가 하나라면 하나의 주택으로 봅니다. 쉽게 말해 2명에게 50대 50의 지분으로 일괄 양도하는 경우 하나의 주택으로 비과세 된다는 것입니다. 하지만 1인 명의의 다가구주택 가운데 지분 50%만 따로 매각하거나, 2명의 공동소유자 가운데 한 명의 지분만 매각하면 1주택 비과세 혜택을 받지 못합니다. 따라서 세알못 씨는 비과세를 적용받지 못합니다.

여기서 잠깐! 주택 용도를 변경하면 보유 기간은 변경 전후를 통산하는 게 원칙입니다. 하지만 용도변경 이후 2년 보유해야 1주택 및 일시적 2주택 비과세 요건을 충족합니다. 가령 A 다세대주택을 보유한 거주자가 B 아파트를 취득한 뒤 A 다세대주택을 다가구주택으로 용도변경 해서 매각한다고 가정합시다. 이때 용도 변경한 날로부터 2년 이상 보유하고 B 아파트 취득일로부터 3년 이내에 다가구주택을 처분해야 일시적 2주택 비과세 혜택을 받을 수 있습니다.

세알못 그럼 조정대상지역의 단독주택을 10년 동안 보유·거주하다 다가구주택으로 용도 변경한 후 1년 동안 살다 통째로 매각하면 어떻게 되나요?

단독주택을 다가구주택으로 용도변경 해도 같은 단독주택입니다. 따라서 용도변경 후 2년 보유요건을 채우지 않아도 되고, 또 보유와 거주기간을 통산하므로 조정지역 내 2년 거주요건도 충족한 것으로 봅니다.

이럴 때는 저가양도를 활용해 절세하자

가족끼리 부동산을 사고팔면 정부 전산망에서 거래 사실을 파악한 과세당국은 일단 증여로 추정합니다. 다시 말해 주택 매매계약을 체결해 양도했더라도, 실제로는 증여를 한 것인지 의심을 한다는 말입니다. 따라서 가족 간의 주택 거래가 증여가 아니라 대가를 주고 매입한 양도라는 사실을 납세자 본인이 입증해야 합니다.

증여세법은 특수 관계인(배우자와 직계존비속, 친인척)으로부터 주택을 시가보다 낮은 가격에 사거나 반대로 시가보다 높은 가격에 판 경우 그 이익에 상당하는 금액을 증여재산가액으로 보고 증여세를 부과하도록 규정하고 있습니다. 이를 저가양수, 또는 고가양도라고 부릅니다. 저가양수 때는 주택을 매입한 양수자에게 증여세가 부과되고, 반대로 고가양도 때는 판 사람인 양도자에게 증여세가 부과됩니다. 또 특수관계인이 아닌 사람끼리 역시 거래 관행상 정당한 사유없이 해당 재산을 시가 보다 현저히 낮은 가격(또는 높은 가격)에 양수·양도하는 때에도 그 차액에 해당하는 금액에 대해 증여세를 부과합니다.

저가 양수(고가양도 포함)에 대한 증여세는 단 100만 원의 차이가 난다고 해서 무조건 부과되는 것은 아닙니다. 배우자 등 특수관계인 간 거래에서 주택 시가와 거래가격의 차액이 시가의 30% 이상 또는 3억 원 이상이어야 증여세를 부과합니다. 바꿔 말해 3억 원 한도 내에서 시세보다 30% 낮게 팔아도 저가양도에 따른 증여세를 내지 않아도 된다는 것입니다. 가령 아버지 소유의 시가 10억 원인 아파트를 아들에게 7억 원에 매각했다면 증여세가 발생하지 않습니다. 만약 5억 원에 판다면 한도액 3억 원을 뺀 2억 원에 대해 증여세가 부과됩니다.

특수관계인이 아니라면 납세자에게 다소 유리합니다. 별도의 한도액은 없고 시세의 30% 미만이면 정상적 거래로 간주해 증여세를 부과하지 않습니다. 한도액이 없기에 고가주택일수록 저가양수에 따른 증여세 부담이 덜 하지만, 실무적으로 남에게 특별한 사정이 없다면 헐값에 팔 이유가 없습니다.

그럼 위의 사례에서 아버지가 부담할 양도소득세는 어떻게 계산할까요. 예를 들어 5억 원에 취득한 아파트가 현재 10억 원인데 아들에게 7억 원에 양도했다고 가정해 계산해봅시다. 물론 아버지가 1세대 1주택 (시가 12억 원 이하) 또는 일시적 2주택이라면 양도세를 낼 이유가 없겠지만 2주택 이상 소유자라면 양도소득세의 부담이 발생합니다.

소득세법에는 헐값에 양도하면 이를 인정하지 않는다는 규정인 '부당계산행위 부인'이라는 강력한 징세 조항이 있습니다. 이 규정은 3억 원 한도 내에서 시세보다 5% 이상 낮으면 적용됩니다. 사례처럼 시가 10억 원의 아파트를 7억 원에 매도했다면 '5% (10억 원 × 5% = 5,000만 원)'를 초과했으므로 정상적인 거래로 인정받지 못하게 됩니다. 이때의 세법상 양도가격은 거래가격 7억 원이 아닌 시가 10억 원을 기준으로 삼습니다.

이에 따라 가족 간 부동산을 저가 또는 고가로 사고팔 때는 3억 원 한도 내에서 시가의 30% 미만(증여세)인지, 시가의 5% 미만(양도소득세)인지를 따져보고 판단해야 합니다. 위의 사례에서는 아들이 부담하는 증여세가 없지만, 아버지의 양도소득세 부담이 생깁니다. 저가양도는 증여받는 자녀 편에서는 세금 부담을 줄이는 데 유리하지만, 증여자인 부모로서는 절세 효과가 없는 것입니다. 결국, 부모가 일시적 2주택자로 종전 주택을 자식에게 저가양도하는 경우가 최적의 절세 전략인 셈입니다.

그럼 자식에게 시가 30억 원(취득가격 15억 원)짜리 아파트를 20억 원에 저가양도(대금 지급은 분명) 한 경우와 증여한 경우, 어느 쪽이 세금이 적게 나올까요?

먼저 시가 30억 원 아파트를 자녀에게 통째 증여했을 때 자식이 부담해야 할 증여세부터 계산해봅시다. 다음과 같이 증

여공제 5,000만 원을 뺀 과세표준 29억 5,000만 원에 세율 40%(누진공제 1억 6,000만 원)를 곱하면 10억 2,000만 원(자진신고 세액공제는 계산 편의상 생략)이 나옵니다.

- 증여재산가액 = 30억 원
- 과세표준 = 30억 원 - 5천만 원(증여공제) = 29억 5천만 원
- 증여세 = 과세표준 × 세율 = 29억 5천만 원 × 40% - 1억 6천만 원(누진공제) = 10억 2,000만 원

과세표준	세율	누진공제액
1억 원 이하	10%	-
1억 원 초과 5억 원 이하	20%	1천만 원
5억 원 초과 10억 원 이하	30%	6천만 원
10억 원 초과 30억 원 이하	40%	1억 6천만 원
30억 원 초과	50%	4억 6천만 원

이제 저가양도 시 세금(부모의 양도소득세 + 자식의 증여세)이 얼마나 나올지 계산해봅시다. 차액 10억 원(30억 원 - 20억 원)이 한도액 3억 원을 넘었으니 자녀는 증여세를 내야 합니다. 이때 증여재산가액은 10억 원이 아닌 7억 원입니다. 증여세법이 허용하는 차액인 3억 원을 빼고 산출하기 때문입니다. 여기서 직계비속 증여공제액이 5,000만 원이므로 과세표준은 6억 5,000만 원이고 세율 30%(누진공제 6,000만 원)를 곱하면 다음과 같이 증여세 1억 3,500만 원(자진신고 세액공제는 계산 편의상 생략)이 산출됩니다.

- 증여재산가액 = (30억 원 - 20억 원) - min(30억 원 × 30%, 3억 원) = 7억 원
- 과세표준 = 7억 원 - 5천만 원(증여공제) = 6억 5천만 원
- 증여세 = 과세표준 × 세율 = 6억 5천만 원 × 30% - 6천만 원(누진공제) = 1억 3,500만 원

한편, 양도자인 세알못 씨는 다음과 같이 소득세법상 저가양도 부당행위에 해당하여 시가로 양도하는 것으로 양도소득세도 재계산하여 내야 합니다.

● 주택을 저가로 양도하였는가?

(30억 원 - 20억 원) ≥ Min (30억 원× 5%, 3억 원) → 저가양도 해당

세알못 씨의 양도소득세는 다음과 같이 6억 906만 원입니다.

- 양도소득세 = (양도가액 - 취득가액) × 세율 - 누진공제 = (30억 원 - 15억 원) × 45% - 6,594만 원(누진공제) = 6억 906만 원

따라서 전체 가족의 세금 부담 총액은 세알못 씨의 양도소득세 6억 906만 원과 자식의 증여세 1억 3,500만 원을 합하면 7억 4,406만 원입니다. 이에 따라 저가양도의 세금 부담이 주택을 통째로 증여한 것보다 덜하다는 것을 알 수 있습니다.

상가주택 세금, 이것 주의하자

노후 대비에 적합한 수익형 부동산으로 주목을 받는 상가주택은 주거용 부동산과 상업용 부동산의 특성을 모두 가지고 있습니다. 살던 집을 팔고 상가주택을 취득해 아래층 상가를 임대주고 자신은 위층 주택에 살면서 노후자금으로 활용하는 것입니다. 이런 상가주택은 상가와 주택을 따로 과세한다는 사실에 주목해야 합니다. 일반적인 거래를 할 때는 상가와 주택을 하나로 보고 통째 계약하지만, 세금을 낼 때는 상가와 주택을 분리해서 계산해야 합니다.

1. 취득세

- **상가:** 상가 부분은 면적과 보유 수, 규제지역 여부 상관없이 4.6%(농특세·지방교육세 포함)로 단일세율을 적용합니다. 그리고 상가는 취득 때 10%의 부가가치세 납부의무가 발생합니다. 토지와 주택이 아닌 건물과 상가 등에 대해서는 부가가치세가 매입 때 부

과됩니다. 세법은 매도인이 매수인으로부터 원천징수해서 납부하게 하는데, 계약 때 부가가치세를 어느 쪽이 부담할 것인지 분명하게 해야 불필요한 분쟁을 피할 수 있습니다. 만약 이런 특약이 없다면 상가주택 거래대금에 부가가치세가 포함된 것으로 간주합니다. 다만 매수자가 임대사업자로 등록하면 부가가치세를 환급받을 수 있습니다.

- **주택:** 주택 보유 수에 따라 1주택 1~3%, 2주택 8%, 3주택 12% 등으로 중과세됩니다. 1주택인 경우에도 취득금액이 6억 원, 6억~9억 원, 9억 원 초과 등에 따라 세율이 올라갑니다. 취득세는 등기일 또는 잔금 납부일 가운데 빠른 날을 기준으로 60일 이내 내야 합니다.

2. 양도소득세

양도소득세는 다소 복잡합니다. 연면적 기준으로 주택이 큰지, 상가가 큰지에 따라 과세 방식이 다르다는 사실부터 알아야 합니다.

주택 연면적이 주택 외 연면적보다 크면 상가주택 전체를 하나의 주택으로 간주합니다. 따라서 다른 주택이 없다면 1주택 비과세 대상이 된다는 말입니다. (물론 주택 부분의 1세대 1주택 비과세 요건 충족해야 합니다.) 상가를 비롯한 건물과 토지는 세법상 비과세 제도가 없습니다. 다른 주택 없이 상가주택 한 채만 있다면 절세에 매우 유리합니다.

반대로 주택 연면적이 주택 외 연면적 보다 작거나 같다면 주택 부분을 주택으로, 상가 부분은 상가로 각각 과세합니다. 다음 표를 참고합시다.

주택 연면적 〉 주택 외 연면적	전부를 주택으로 봄
주택 연면적 ≦ 주택 외 연면적	주택 부분만 주택으로 봄

그리고 2022년 양도분부터 고가주택 기준인 12억 원(양도액 기준)을 초과하는 상가주택은 주택과 상가의 연면적과 상관없이 각각 분리해 과세합니다. 가령 시가 20억 원짜리 상가주택이면 주택 연면적이 더 크더라도 상가 부분에 대한 양도소득세를 부담해야 합니다. 다음 표를 참고합시다.

고가 겸용주택 개정 전후 비교

구분	종전	개정 (2022년 1월 1일 이후)
실제 거래가액 12억 원 이하	• 주택 연면적 ≦ 주택 외 연면적: 주택 부분만 주택으로 봄 • 주택 연면적 〉 주택 외 연면적: 전부를 주택으로 봄	좌동
12억 원 초과	• 주택 연면적 ≦ 주택 외 연면적: 주택 부분만 주택으로 봄 • 주택 연면적 〉 주택 외 연면적: 전부를 주택으로 봄	주택 부분만 주택으로 봄

이런 이유로 상가주택 외 다른 주택이 없다면 가능한 한 주택 연면적을 상가 연면적 보다 크게 활용하는 게 절세 측면에서 유리합니다. 만약 매입한 4층짜리 상가주택(12억 원 이하)이 1·2층은 상가, 3·4층은 주택이라면 '옥탑방'을 신축하는 게 절세팁이 될 수 있습니다.

지방자치단체에 허가를 받지 않고 임의로 설치한 옥탑방도 세법상 주택 면적으로 인정됩니다. 이른바 실질과세 원칙입니다, 만약 신축한다면 반지하 주거용 시설을 넣는 것도 방법입니다. 참고로 상가에서 주택으로 올라가는 계단이 상가에 설치돼 있다면 해당 계단은 주택용으로 간주합니다.

상가 용도로 사용하지만, 내부에 임차인이 주거할 수 있는 방이 딸려 있다면 어떻게 되나요?

양도할 때 주거용 면적으로 인정받을 수 있습니다. 이때 단순하게 방이 딸려 있다는 사실만으로는 주거용으로 입증되지는 않으며, 임차인이 가족과 함께 상가 내의 방에 거주한 사실이 확인돼야 합니다. 이런 경우라면 애초 계약할 때 상가면적과 주거면적을 구분 기재하는 것이 최선이며, 세입자의 주민등록등본으로 전입세대임을 확인할 수 있어야 합니다. 만약 지하실과 대피소처럼 주거용인지 상업용인지 용도가 불분명하다면 해당 면적은 주택과 상가면적 비율대로 안분해서 반영합니다.

상가를 주택으로, 반대로 주택을 상가로 용도 변경할 때, 무엇을 주의해야 하나요?

상가로 사용하다 비과세 또는 장기보유특별공제(주택은 최대 80%) 혜택을 노리고 양도 직전 주택으로 용도 변경하는 꼼수

를 막기 위한 장치가 있습니다. 주택의 비과세 보유 기간은 '자산 취득일~양도일'로 보는 게 원칙이지만, 상가에서 주택으로 용도변경 후 1세대 1주택자가 된다면 2025년 1월 1일 이후 양도분부터는 '용도변경일(주거용 사용일)~양도일'로 간주합니다. 따라서 상가를 매각 직전 주택으로 용도 변경해도 비과세 또는 주택 장기보유특별공제를 적용받을 수 없으니 주의해야 합니다.

세알못 상가주택을 처분하려 합니다. 그런데 매수자가 '주택 부문을 상가로 용도 변경하겠다'라는 특약을 맺자고 합니다. 매수자는 취득세 중과를 피할 수 있고, 저는 주택 비과세를 그대로 받을 수 있다고 하는데, 과연 그런가요?

이는 소득세법 기본통칙에서 '매매 특약'에 의해 1세대 1주택에 해당하는 주택을 멸실한 경우에는 매매 계약일 현재를 기준으로 한다는 것을 활용해 매수자의 취득세 중과세(최대 12%)를 줄이려는 방안입니다. 하지만 기획재정부는 2022년 10월 유권해석을 통해 '계약일이 아닌 잔금 청산일으로 기준으로 양도 물건을 판단한다'라고 규정했습니다. 이런 매매 특약에 응하면 매도자는 주택 부분 비과세를 적용받을 수 없다는 사실에 주의해야 합니다.

배우자 증여 후 양도, 이것 주의하자

세알못 아파트 여러 채를 보유하고 있습니다. 현금이 필요해 시가 약 6억 원짜리 아파트 한 채를 매각하려 합니다. 그런데 양도차익이 커 양도소득세 부담이 생각보다 큽니다. 고민하던 저에게 지인이 6억 이하 아파트를 배우자에게 증여한 후 배우자가 매각하면 양도소득세를 전혀 부담하지 않고 아파트를 현금화할 수 있다고 말합니다. 이 말이 맞는 것인가요?

결론부터 말하면 틀렸습니다.

배우자에게 증여받으면 최대 6억 원까지 증여재산 공제가 적용됩니다. 다시 말해 증여받은 재산 가액에서 6억 원을 뺀 나머지 금액에 대해 증여세가 부과됩니다. 따라서 세알못 씨가 시가 6억 원짜리 주택을 배우자에게 증여할 때는 이 금액 전액이 공제돼 증여세가 발생하지 않습니다.

그리고 양도소득세는 양도차익 (양도가액 - 취득가액)에 대해 부과됩니다. 그런데 증여받은 주택을 매각할 때는 취득가액이 '증여 당시 시가'로 산정됩니다. 이런 이유로 지인은 양도가액과 취득가액의 차이가 없어 양도소득세가 발생하지 않는다고 생각한 것입니다.

하지만 세법은 이런 방식으로 세금을 피하는 걸 막기 위해 특례를 두고 있습니다. 소득세법은 10년 이내에 배우자나 직계존비속으로부터 증여받은 토지, 건물 등을 양도할 때 취득가액을 '배우자 또는 직계존비속이 해당 부동산을 취득할 당시의 금액'으로 해 양도차익을 산정하도록 규정하고 있습니다. (만약 증여세를 냈다면 양도차익을 계산할 때 납부한 증여세만큼을 필요경비로 공제해줍니다.)

이 규정에 따라 세알못 씨 배우자가 증여받은 아파트를 양도할 때 취득가액은 '증여 당시의 시가'가 아니라 '세알못 씨가 아파트를 취득했을 때의 가액'으로 적용됩니다. 다시 말해 양도소득세를 계산할 때는 세알못 씨 배우자가 아니라 세알못 씨가 아파트를 양도하는 것으로 취급하겠다는 것입니다.

따라서 세알못 씨가 과거 아파트를 3억 원에 취득했고 배우자가 아파트 증여 직후 6억 원에 이를 양도할 경우, 양도차익 3억 원에 대해 양도소득세를 부담해야 합니다. 이때 보유 기간은 세알못 씨가 그 아파트를 취득한 때를 취득일로 봐 산정하고, 그에 따라 세율 및 장기보유특별공제를 적용합니다.

양도소득세 이월과세제도가 모든 경우 적용되는 것은 아닙니다. 증여자가 배우자나 직계존비속처럼 매우 가까운 가족이고, 증여받은 재산이 부동산 관련 혹은 회원권 등인 경우만 적용됩니다. 또 형제로부터 건물을 증여받은 경우엔 적용되지 않고, 양도소득세 이월과세제도를 적용해 세금 부담이 적어지는 때에도 이를 적용하지 않습니다.

그럼 배우자에게 부동산을 증여받고, 이혼하면 어떻게 되나요?

배우자로부터 부동산을 증여받았다면, 부동산 양도 당시 혼인 관계가 소멸했더라도 양도소득세 이월과세제도가 적용됩니다. 증여 이후 가장 이혼을 통해 세금 부담을 줄이려고 시도하는 사례를 방지하려는 것입니다. 다만 사망으로 혼인 관계가 소멸한 경우에는 적용되지 않습니다.

이런 제도가 있으니 증여받은 재산을 양도할 때는 신중해야 합니다. 증여받은 후 10년 이후 양도해야 증여재산 공제와 같은 효과를 제대로 누리고 양도소득세 부담이 가중되지 않으니, 증여받은 부동산은 최소 10년 이상 장기보유하는 것이 세금 측면에서 유리합니다.

여기서 잠깐! 해외주식에서 수익이 났다면 5월 말까지 양도소득세 확정신고와 납부를 해야 합니다. 부동산과 달리 주식은 양도소득세 이월과세 규정이 적용되지 않았으나, 2025년부터는 주식도 이월과세 규정이 적용됩니다. 다만 부동산과 달리 10년 이내가 아니라 1년 내 매매 시 이월과세 규정이 적용되니 1년 이후에 매매해야 양도소득세 부담을 줄일 수 있습니다. 1년 전부터 주식 처분 계획을 세우고 움직여야 절세 효과를 얻는다는 말입니다.

토지 세금,
간단히 정리해보자

부동산 중 토지는 일반대지, 논, 밭, 과수원과 임야 등등 다양한 조건에 따라 여러 가지로 분류됩니다. 토지 매입을 통해 수익을 창출하려는 사람들이 많은데, 정부는 땅을 투기를 위하여 땅을 사들이는 것을 막기 위해 여러 규제를 강화하고 있습니다. 또 농업을 하기 위해 농지를 매입하는 경우에 한해서는 농지 취득세를 감면해주고 있습니다.

농지를 취득하면 얼마나 감면해주고, 구체적인 조건은 어떻게 되나요?

토지를 취득하면 취득금액에 4.6%의 세율이 적용됩니다. 여기서 취득금액이란 실거래가를 의미합니다. 이런 취득 관련 세금은 경작용 농지를 취득할 때 일정한 사유(농사용 농지, 농지조성용 임야 등)가 발생하면 감면되기도 합니다.

먼저 농지의 개념부터 살펴봅시다. 농지는 토지 중 경작을 위한 것으로 한정합니다. 답과 전, 과수원 등 법에 따라 사용되어야 하며 실제 다년생 식물을 재배하는 땅에 해당합니다. 또한, 고정식 온실과 버섯재배시설 등의 여러 농업 생산 시설 용지도 포함됩니다. 이런 농지를 취득하게 되면 일정 비율에 따라 취득세가 발생합니다. 예를 들어 1억 원의 농지를 취득하게 되면, 취득세는 3%로 300만 원, 지방교육세와 농어촌특별세는 모두 0.2% 세율을 적용받아 각각 20만 원을 내야 합니다.

농지 취득세는 직접 농사를 짓기 위해서 지역으로 전입신고를 하게 될 때는 거주를 시작한 날 이후부터 3년 이내에 소유하게 되는 농지와 농업생산관리시설, 관련 임야의 경우 50% 감면해줍니다. 세부적으로 감면대상에 대해 알아보면 먼저 농업인과 귀농인으로 나누어 생각해야 합니다.

농업인은 자격을 2년 이상 유지해야 하는데 본인이 소유하고 있는 농지가 있는 경우 그곳에서부터 30km 이내 지역에서 2년 이상 거주를 해야만 자격을 인정받게 됩니다. 또한, 타인의 토지를 임대하여 경작 활동을 한 경우에는 직접 농사를 한 사실을 증빙할 수 있으면 됩니다. 쉽게 말해 2년 이상 농사를 짓고 소재지 인근에 거주해야 한다는 것입니다.

농지 취득세 감면대상에 귀농인도 포함됩니다. 1년 이상 농업과 관련된 일을 한 적이 없어야 하며 귀농인으로 자격을 인정받으려면 일정 요건을 충족해야 합니다. 농촌 지역에 전입신고를 한 후 실제 거주하여야 합니다. 귀농일과 전입신고일이 정확히 일치하지 않아도 되니 실거주를 하고 있다면 그날을 귀농일로 보고 3년 이내에 농지를 갖게 될 때 취득세 감면 혜택을 받을 수 있습니다.

농지 취득세 감면 한도는 50%의 세율이고 직전 연도의 농업 외 종합소득 금액 3,700만 원 미만이어야 합니다. 하지만 농사를 짓고 있는 부부라면 한 명이 농업에 종사하고 있다는 조건을 충족하고 다른 한 명이 종합소득이 한도를 초과하더라도 감면대상에 포함됩니다. 감면받을 수 있는 부동산은 전, 답, 과수원 등 농지로 취득한 뒤 직접 경작하는 땅에만 해당하며 반드시 공부상 지목이 농지이어야 합니다. 하지만 2년 이내에 직접 경작을 하지 않거나 농지조성을 개시하지 않을 경우나 30km 이상의 거리로 주소지가 이전될 경우 세금이 추징될 수 있으니 주의해야 합니다.

또한, 세금 자체가 아예 없는 비과세도 있습니다. 예를 들어 수용으로 인해 토지를 대체 취득하면 취득세가 비과세됩니다. 토지수용은 강제적으로 진행되므로 대체 취득에 대해 특별히 취득세를 비과세하고 있습니다. 다만, 계약일 (또는 사업 인정 고시일) 이후에 부동산 계약을 체결하거나 건축허가를 받고 보상금을 받은 날부터 1년 이내에 대체할 부동산 (대체 부동산 구입 시 취득세 비과세 대상 지역이 제한되어 원칙적으로 지방 보상금으로 서울의 부동산을 사면 취득세를 부과함)을 취득해야 합니다.

땅을 가져도 종합부동산세가 부과되나요?

토지를 보유하면 재산세가 부과됩니다. 또 나대지나 임야 또는 상가빌딩 부속 토지를 많이 보유하고 있으면 종합부동산세가 부과됩니다. 농지, 공장용지, 골프장 토지 등은 재산세만 부과되고 종합부동산세는 없습니다. 이때 농지 등은 저율로, 골프장 등 사치성 재산은 높은 세율로 재산세만 부과됩니다. 참고로 보유세 과세기준은 공시가격인 개별공시지가입니다. 따라서 공시지가가 시세에 근접하게 고시되면 보유세 부담이 커집니다.

세알못 토지도 주택처럼 양도할 때, 비과세 규정이 있나요?

토지를 양도하면 비과세나 감면받을 방법이 많지 않습니다. 토지의 양도에 대해서는 대부분 과세하고 있기 때문입니다. 다만, 농지의 대토나 8년 이상 경작한 농지에 대해서는 양도소득세를 100% 감면합니다. 하지만 이 둘의 규정으로 감면받을 수 있는 한도는 1년간 1억 원 (5년간 2억 원)입니다. 농어촌특별세는 비과세됩니다. 참고로 2024년 세법이 개정되어 농지를 분할해서 2년 내 동일인에게 양도하면 같은 연도에 양도한 것으로 봅니다.

자경농민이 경작 상 필요로 종전 토지를 양도하고 새로운 토지를 취득한 것을 '대토'라고 합니다. 일단 농지를 양도했으니 양도소득세가 부과되는 것이 원칙입니다. 하지만 농사를 짓기 위해 새로운 농지를 사면, 양도한 토지에 대해서는 감면을 적용합니다. 다만, 감면을 받기 위해서는 다음과 같은 요건을 갖춰야 합니다.

- 종전 농지소재지에서 4년 이상 거주하면서 경작한 농민이 종전 농지 양도일부터 1년 (수용 시는 2년) 안에 새 농지를 취득하고 경작을 개시해야 합니다. (또는 새 농지 취득 후 기존 농지는 1년 안에 양도해야 합니다.)
- 새 농지는 기존 농지면적의 1/2 이상이거나 구입 가격 (기준시가나 실거래가액)이 1/3 이상이 돼야 합니다.
- 종전 농지, 대체 농지소재지에 거주 경작한 기간이 합산해 8년 이상이어야 합니다.

농지는 대부분 투기목적이 아닌 농사용으로 보유하고 있습니다. 그래서 세법은 8년 이상 재촌·자경하는 농지에 대해서는 최대 2억원 한도 내에서 100% 양도소득세 감면 혜택을 줍니다.

세알못 농지소유자입니다. 제가 농사를 짓지 않고, 아내가 농사를 지었습니다. 이런 경우에도 자경으로 인정받을 수 있나요?

택스코디 그렇지 않습니다. 지금은 농지소유자가 직접 자경을 해야 자경한 것으로 인정받습니다.

세알못 돌아가신 아버지에게 농지를 상속받았는데, 농사를 지을 수 없는 상황입니다. 어떻게 해야 하나요?

결론부터 말하면 상속 농지는 상속받은 날(사망일)로부터 6개월 또는 3년 이내에 팔면 100% 감면받을 수 있습니다.

상속주택은 상속개시일로부터 6개월 이내에 매도하면 양도소득세를 물리지 않습니다. 취득가격과 양도가격이 같아 양도차익이 발생하지 않기 때문입니다. 즉 '양도가액 = 취득가액 = 상속재산가액'인 것입니다. 물려받은 농지 역시 마찬가지입니다. 일단 6개월 이내 농지를 팔면 양도소득세는 0원입니다.

다음으로는 3년 내 처분입니다. 물려받은 농지는 상속인(자녀)이 농사를 짓느냐 여부에 따라 양도소득세 특례가 차이가 납니다. 만약 자녀들이 상속 농지에 농사를 짓지 않는다면 3년 이내 매각해야 양도소득세를 100% 감면(1년 1억, 5년 2억 원 한도)받습니다. 단 양도소득세 감면은 피상속인(부모)가 8년 이상 재촌· 자경해야 한다는 특례 기본요건을 충족해야 가능합니다.

참고로 상속개시일로부터 3년 넘어서 매도할 때는 상속인이 최소 1년 이상 재촌·자경하면 피상속인의 재촌•자경 기간과 통산할 수 있습니다.

만약 물려받은 농지를 피상속인인 아버지가 8년 경작 기간을 채우지 못했다면 어떻게 되나요?

상속인인 자녀가 나머지 기간을 농사짓는다면 간단하지만, 그럴 상황이 못 되는 경우가 대부분입니다. 농지를 상속받으면 피상속인의 자경 기간은 상속인(자녀)에게 승계됩니다. 아버지의 자경 기간이 7년이라면 상속인이 최소 1년 이상 직접 경작해야 8년 자경 요건을 충족해 특례를 받을 수 있습니다. 바꿔 말해 자경 기간 8년을 채우지 못한 농지를 상속인이 직접 경작하지 않으면 양도소득세 감면 혜택을 받을 수 없습니다.

권말부록

주택과 관련된 연중 세무 일정

1월 | 하순: 표준단독주택 가격 공시

부동산 가격 공시는 국가 및 지방자치단체가 다양한 행정목적 활용을 위해 부동산 가격 공시에 관한 법률에 따라 국토교통부에서 매년 1월 1일을 기준으로 부동산의 적정 가격을 공시하는 것을 말합니다.
1989년부터 도입 (주택은 2005년부터 도입)된 부동산에 대한 공시가격은 각종 보유세·건보료 부과·기초생활보장급여 대상 선정, 감정평가 등 60여 개 분야에서 활용되고 있습니다.

2월 | 10일까지: 주택 임대사업자 사업장 현황신고

면세사업자는 부가가치세 신고는 할 필요가 없지만, 꼭 해야 할 다른 신고 의무가 있습니다. 사업장 현황신고라는 것입니다. 뭘 얼마나 팔아서 전체 매출이 얼마나 되는지 사업장의 현황을 신고하는 것입니다.
일반사업자는 부가가치세를 신고납부할 때, 전체 매출과 매입금액이 자동으로 신고가 되고, 이것을 기초로 국세청이 소득세까지 검증할 수 있습니다. 면세사업자는 부가가치세 신고를 하지 않으니 소득 규모를 확인할 근거가 없는 문제가 생깁니다. 그래서 면세사업도 매출의 규모와 내용을 신고하도록 한 것이 사업장 현황신고입니다.

3월 | 중순(~4월 초순): 공동주택 공시가격 열람, 의견청취

4월 | 말: 공동주택가격/개별단독주택가격 결정, 공시

주택에 대한 공시가격은 단독주택과 공동주택으로 구분하여 매년 1월 표준단독주택에 대한 공시가격을 공시 후 4월 말 공동주택과 개별단독주택에 대한 공시가격이 확정됩니다.

공동주택, 표준단독주택에 대한 공시가격 열람은 부동산 공시가격알리미 누리집에서 조회 가능하며, 개별단독주택에 대한 공시가격은 관할 지방자치단체 홈페이지에서 확인 가능합니다.

5월 | 31일까지: 종합소득세 신고, 납부 (소형주택임대사업자 세액감면 신청)

주택 임대소득이 2,000만 원이 넘게 되면, 무조건 종합과세로 다른 소득이랑 더해서 신고해야 하고, 2,000만 원 이하의 임대수입은 특별히 분리과세와 종합과세 둘 중에 선택할 수 있습니다.

6월 | 1일 (재산세, 종합부동산세 과세기준일)

주택 재산세는 주택보유 기간과 관계없이 매년 6월 1일에 주택을 소유하고 있으면 부과됩니다. 주택의 소유 여부는 취득 시기 판단에 좌우되며, 취득의 시기인 잔금지급일, 등기접수일 중 빠른 날짜를 기준으로 소유자를 판단합니다.

7월 | 16일~31일: 재산세 1/2 납부

주택의 소재지 관할 지방자치단체장이 세액을 산정하여 납부기한 개시 5일 전까지 납세고지서에 과세표준과 세액을 기재하여 발급합니다.
주택 재산세 산출세액의 1/2은 매년 7월 16일부터 7월 31일까지, 나머지 1/2은 9월 16일부터 9월 30일까지 내야 합니다. 해당 연도에 부과할 세액이 20만 원 이하이면 조례로 정하는 바에 따라 납기를 7월 16일부터 7월 31일까지로 하여 한꺼번에 부과·징수할 수 있습니다.

9월 | 16일~30일: 재산세 1/2 납부, 종합부동산세 합산배제 신고, 부부 합산 공동명의 신청

종합부동산세 합산배제는 전용면적과 공시가격 등 요건을 갖춘 임대주택, 기숙사와 같은 사원용 주택, 주택건설 사업자가 주택건설을 위해 취득한 토지 등에 대해 신고할 수 있습니다.

그동안에는 어린이집용 주택 중 가정어린이집용 주택만 합산배제 대상에 해당했으나 2022년부터는 직장 어린이집 등 모든 어린이집용 주택이 합산배제 신고대상이 됩니다.

참고로 종부세 과세특례와 합산배제를 홈택스로 전자신고·신청할 때 필요한 부동산 명세를 조회하고 내려받을 수 있습니다. 서면으로 신고·신청할 경우 홈택스나 세무서에서 신고 서식을 받아 작성해야 합니다.

12월 | 1일~15일: 종합부동산세 신고, 납부

국세청은 종합부동산세액이 기재된 납세고지서를 매년 11월 말에 납세의무자에게 발송합니다. 이 고지서를 받은 납세자는 12월 1일~12월 15일 기간에 종합부동산세를 내야 합니다.

절세 고수가 알려주는
부동산 세금 절세의 전략

초판 1쇄 인쇄 2025년 1월 16일
초판 1쇄 발행 2025년 1월 22일

지은이 택스코디
기획 잡빌더 로울
펴낸이 곽철식
디자인 임경선
마케팅 박미애

펴낸곳 다온북스
출판등록 2011년 8월 18일 제311-2011-44호

주 소 서울시 마포구 토정로 222 한국출판콘텐츠센터 313호
전 화 02-332-4972
팩 스 02-332-4872
이메일 daonb@naver.com

ISBN 979-11-93035-59-7(03410)